科学探索丛书
KEXUE TANSUO CONGSHU
神秘核能探索之旅
SHENMI HENENG TANSUO ZHILV
陈敦和 主编
U0198272
上海科学技术文献出版社
Shanghai Scientific and Technological Literature Press

图书在版编目(CIP)数据

神秘核能探索之旅/陈敦和主编.—上海:上海科学技术文献出版社,2019
(科学探索丛书)
ISBN 978-7-5439-7901-7

Ⅰ.①神… Ⅱ.①陈… Ⅲ.①核能—普及读物
Ⅳ.①TL-49

中国版本图书馆 CIP 数据核字(2019)第 081263 号

组稿编辑:张 树
责任编辑:王 珺
助理编辑:朱 延

神秘核能探索之旅

陈敦和 主编

*

上海科学技术文献出版社出版发行
(上海市长乐路 746 号 邮政编码 200040)
全 国 新 华 书 店 经 销
四川省南方印务有限公司印刷

*

开本 700×1000 1/16 印张 10 字数 200 000
2019 年 8 月第 1 版 2021 年 6 月第 2 次印刷
ISBN 978-7-5439-7901-7
定价:39.80 元
http://www.sstlp.com

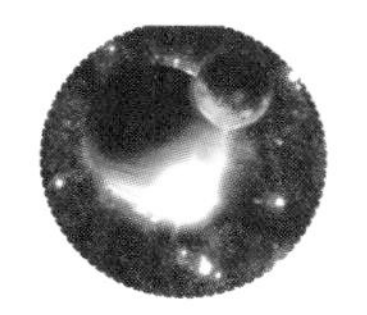

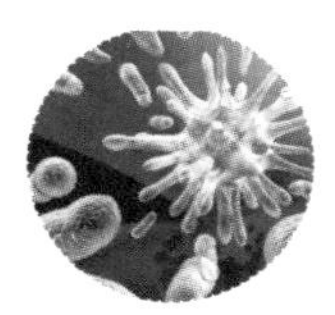

前言 Preface

人类祖先还没有学会使用火的时候，他们就已经在不知不觉地享受着核能的赐予了。几十亿年来，太阳一直在照耀着地球，促进了地面生命的演化和发展。今天的科学研究已经证明：太阳的能量来自核能。

核能是通过转化其质量从原子核中释放的能量，核能通过核裂变、核聚变、核衰变三种核反应之一进行释放。人类对核能的巨大威力的真正认识是从第一颗原子弹爆炸开始的。

1945年8月6日8时15分，美军在日本广岛上空投下一颗代号为“小男孩”的原子弹。这是人类历史上首次将核武器用于实战，广岛成为第一座遭受原子弹轰炸的城市。原子弹瞬间的爆炸让广岛满目疮痍：靠近爆炸中心的人大部分死亡，广岛瞬间就变成了一片废墟。

核能的巨大威力让人们震惊的同时，也开始反思，如何才能更好地利用核能，让它为人类造福而不是震慑、危害人类？在战后，许多国家开始致力于核武器和核能的开发，人们开始广泛关注核军备竞赛和核反应堆的发展。现在核能除在军事方面的应用之外，在工业、农业、医疗等领域也有着较为广泛的应用，不过核能最主要的应用还是在发电方面。当今，全世界几乎16%的电能是由441座核反应堆生产的，而其中有9个国家的40%多的能源生产来自核能，特别是法国核能发电占其发电总量的75%。如何将能量巨大的核能更多更安全地进行应用，以解决人类对能源的不断需求，是现今各国科学家共同努力的目标。

从最小的原子、电子、质子的研究，到核能的收集，再到现今人类对核能的广泛应用，科学家们付出了巨大的努力。本书将向您介绍人类对核能的发现之旅。

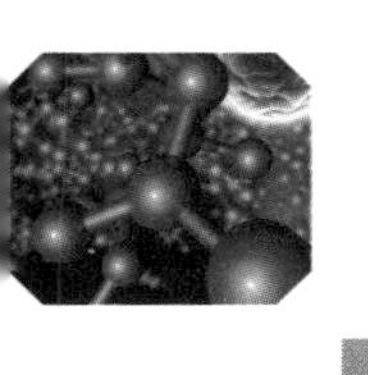

目录 Contents

第一章 天然放射性的发现 1

第二章 质能公式与核能 45

第三章 核与能的转换 87

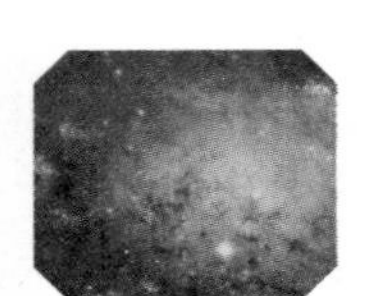

第四章 天使与魔鬼 107

第五章 核能新动向 143

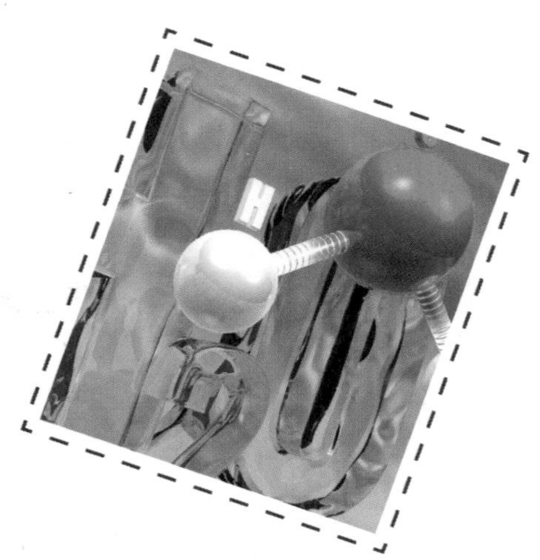

科学探索丛书

第一章

天然放射性的发现

放射性的发现被称为人类20世纪三大物理发现之一，它使人们对物质的微观结构有了更新的认识，并由此打开了原子核物理学的大门。

解析核能之“核”

在今天，核能已经被人们熟知，给人类输送能量的核电站，原子弹、氢弹等核武器都是人类对核能应用的证明，那核能之“核”指的是什么呢？

原子

核能（或称原子能）是通过转化其质量从原子核释放的能量，核即是指原子核。

世界所有物质都是由分子构成，或直接由原子构成。而分子又是由原子构成，原子通过一定的作用力，以一定的次序和排列方式结合成分子。以水分子为例，将水不断分离下去，直至不破坏水的特性，这时出现的最小单元是由两个氢原子和一个氧原子构成的一个水分子（H_2O）。简单些说，“分子”通常指的是多个原子的化学化合物。

原子就是一种元素能保持其化学性质的最小单位。一个原子包含有一个致密的原子核及若干围绕在原子核周围带负电的电子。原子直径的数量级大约是10^{-10}米。原子质量极小，且99.9%集中在原子核。

大约在公元前450年，希腊哲学家德谟克利特创造了原子这个词语，“原子”这一术语在希腊文中是“不可分割”的意思。并且德谟克利特在当时就已经提出原子的概念，认为一切物质都是由不可分割的小微粒——原子构成，但缺乏科学实验的验证。17和18世纪时，化学家发现了物理学的根据：对于某些物质，不能通过化学手段将其继续分解。19世纪晚期和20世纪早期，物理学家发现了亚原子粒子以及原子的内部结构，由此证明原子并不是不能进一步切分。

核能之核——原子核

原子核简称“核”。位于原子的核心部位，由质子和中子两种微粒构成。原子核是由带正电荷的质子和不带电荷的中子构成，原子中，当带正电荷的质子数与核外带负电的电子数量相同时，正负抵消，原子就不显电。

原子核极小，体积只占原子体积的几千亿分之一，在这极小的原子核里却集中了99.96%以上原子的质量。原子核的密度极大，核密度约为$1014g/cm^3$。

原子是个空心球体，原子中大部分的质量都集中在原子核上，电子几乎不占质量，通常忽略不计。

原子核的能量极大。构成原子核的质子和中子之间存在着巨大的吸引力，能克服质子之间所带正电荷的斥力而结合成原子核，使原子核在化学反应中不发生分裂。当一些原子核发生裂变（原子核分裂为两个或更多的核）或聚变（轻原子核相遇时结合成为重核）时，会释放出巨大的原子核能，即原子能，又称为核能。

核力

核子之间的核力，是一种比电磁作用大得多的相互作用。原子半径很小，质子间库仑斥力很大，但原子核却很稳定。所以原子核里质子间除了库仑斥力外还有核力。只有在2.0×10^{-15}米的短距离内才能起到作用。质子和质子之间、质子和中子之间、中子和中子之间都存在这种力。

☆ 世界所有物质都是由分子构成，或直接由原子构成。图为原子模型

核能之材料来源

国际原子能机构将任何源材料或特种可裂变材料称为核材料。

源材料主要包括天然铀、贫化铀、钍及含上述任何物质的金属、合金、化合物或浓缩物的材料。

特种可裂变材料主要包括钚-239（239pu）、铀-233（233U）、含有富集同位素235（235U）的铀。所谓富集，是指铀-235与铀-238的丰度比大于天然铀中这两个同位素的丰度比。

需要重点加以控制和保护，防止其被盗、被破坏、丢失、非法转移和非法使用的核材料是特种可裂变的核材料。因为这类材料可被恐怖分子用于制造裂变核武器（原子弹）。通常所说的核材料控制、核材料实物保护（指对存放核材料的建筑物、车辆建立安全防护系统，以实施对核材料的保护），也是针对这类核材料而言的。

★ 有些核燃料就蕴藏于矿石之中，对矿石的开采、加工，是人类获得核燃料的重要途径

世界上有比较丰富的核资源，核燃料有铀、钚、氘、锂、硼等等，世界上铀的储量约为417万吨。地球上可供开发的核燃料资源，可提供的能量是矿石燃料的十多万倍。

钚

钚是一种放射性元素，是原子能工业的重要原料，可作为核燃料和核武器的裂变剂。投于长崎市的原子弹，使用了钚制作内核部分。

钚的原子序数为94，元素符号是Pu，是一种具放射性的超铀元素。半衰期为24万5千年。它属于锕系金属，外表呈银白色，接触空气后容易锈蚀、氧化，在表面生成无光泽的二氧化钚。

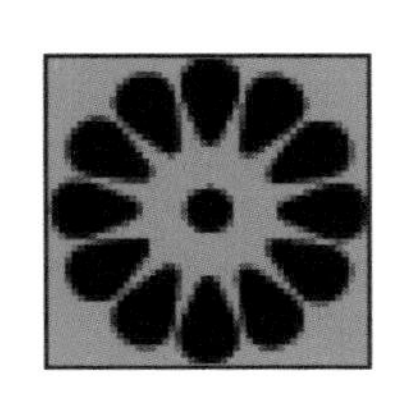

X射线的发现

引言：

X射线的发现是19世纪末20世纪初物理学的三大发现之一，这一发现标志着现代物理学的产生。

x射线

X射线又被称为艾克斯射线、伦琴射线或X光，是一种波长范围在0.01纳米到10纳米之间（对应频率范围30PHz（拍赫）到30EHz（艾赫））的电磁辐射形式。X射线具有很高的穿透本领，能透过许多对可见光不透明的物质，如墨纸、木料等。这种肉眼看不见的射线可以使很多固体材料产生可见的荧光，使照相底片感光以及产生空气电离等效应。

X射线是不带电的粒子流，因为它在电场磁场中不发生偏转，其X电磁波的能量以光子（波包）的形式传递，因此，它具有波粒二象性。X射线属于游离辐射等这一类对人体有危害的射线。

波粒二象性

波粒二象性是指某物质同时具备波的特质及粒子的特质。波粒二象性是量子力学中的一个重要概念。在经典力学中，研究对象总是被明确区分为两类：波和粒子。前者的典型例子是光，后者则组成了我们常说的“物质”。

分类

根据波长X射线可分为硬X射线和软X射线。

波长越短的X射线能量越大，叫做硬X射线，波长长的X射线能量较低，称为软X射线。

按照辐射类别，X射线可分为两类。

当在真空中，高速运动的电子轰击金属靶时，靶就放出X射线，这就是X射线管的结构原理。放出的X射线分为两类：

(1)如果被靶阻挡的电子的能量，不越过一定限度时，只发射连续光谱的辐射。这种辐射叫作轫致辐射；

(2)一种不连续的，它只有几条特殊的线状光谱，这种发射线状光谱的辐射叫作特征辐射。连续光谱的性

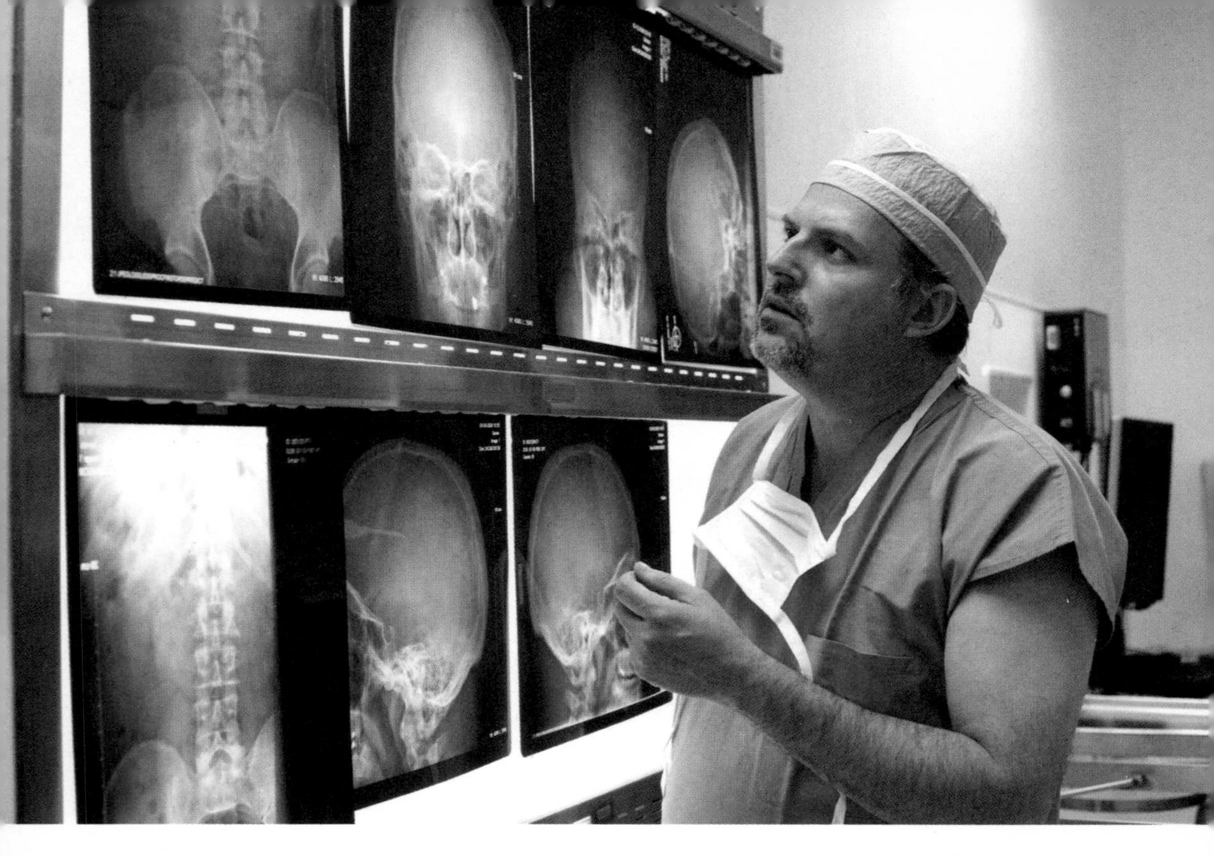

★ 伦琴发现X射线之后，X射线就被应用于医学检查、诊断，现在已经形成了放射诊断学

质和靶材料无关，而特征光谱和靶材料有关，不同的材料有不同的特征光谱，这就是称之为“特征”的原因。

特征

1、频率高

X射线的特征是波长非常短，频率很高，其波长约为$20\times10^{-8}\sim0.06\times10^{-8}$厘米之间。因此X射线必定是由于原子在能量相差悬殊的两个能级之间的跃迁而产生的。所以X射线光谱是原子中最靠内层的电子跃迁时发出来的，而光学光谱则是外层的电子跃迁时发射出来的。X射线能产生干涉、衍射现象。

2、辐射同步

X射线谱由连续谱和标识谱两部分组成，标识谱重叠在连续谱背景上，连续谱是由于高速电子受靶极阻挡而产生的轫致辐射；标识谱是由一系列线状谱组成，它们是因靶元素内层电子的跃迁而产生，每种元素各有一套特定的标识谱，反映了原子壳层结构。同步辐射源可产生高强度的连续谱X射线，现已成为重要的X射线源。

伦琴生平

威廉·康拉德·伦琴，德国试验物理学家，于1845年出生在德国尼普镇。他在1869年从苏黎世大学获得哲学博士学位。在随后的十九年间，伦琴在一些不同的大学工作，逐步地赢得了优秀科学家的声誉。

1888年他被任命为维尔茨堡大学物理所物理学教授兼所长。1895年伦琴在这里发现了X射线。

1900年，伦琴任慕尼黑大学物理学教授和物理研究所主任。

1923年2月，他在慕尼黑逝世。

由于X射线的发现具有“实际应用结果”，而且间接地影响着后来放射性的一系列发现，因此1901年，第一个诺贝尔物理学奖被颁发给了伦琴。为了纪念伦琴，很多国家都将X射线称为伦琴射线。不仅如此，人们还将伦琴作为放射性物质产生的照射量的一个单位。英文代号为R，即在0摄氏度、760毫米汞柱气压的1立方厘米空气中造成1静电单位（3.3364×10^{10}库仑）正负离子的辐射强度为1伦琴单位。

2003年，国际化学联合会正式承认了该研究中心首先发现了化学元素111，并在2004年接受了将其命名为Uuu的建议。在2006年，即在伦琴发现X射线111年之际，位于德国达姆斯施塔特的重离子研究中心举行仪式，正

★ 慕尼黑不仅具有浓厚的艺术气质，还因有了像伦琴这样的科学家而散发着浓浓的人文气质

式将化学元素111命名为“錀”。

伦琴一生在物理学许多领域中进行过实验研究工作，并做出了一定的贡献。如对电介质在充电的电容器中运动时的磁效应、气体的比热容、晶体的导热性、热释电和压电现象、光的偏振面在气体中的旋转、光与电的关系、物质的弹性、毛细现象等，由于他对X射线的发现赢得了巨大的荣誉，所以这些贡献大多不为人关注。

发现过程

1869年，德国物理学家、化学家希托夫观察到真空管中的阴极发出的射线，当这些射线遇到玻璃管壁会产生荧光。后来，这种射线被戈尔德斯坦命名为“阴极射线”。随后，英国物理学家克鲁克斯研究稀有气体里的能量释放，并且制造了克鲁克斯管。这是一种玻璃真空管，内有可以产生高电压的电极。他还发现，当将未曝光的相片底片靠近这种管时，一些部分被感光了，但是他没有继续研究这一现象。1887年4月，尼古拉·特斯拉开始使用自己设计的高电压真空管与克鲁克斯管研究X光。他发明了单电极X光管，在其中电子穿过物质，发生了现在叫作韧致辐射的效应，生成高能X光射线。1892年特斯拉完成了这些实验，但是他并没有使用X光这个名字，而只是笼统称为放射能。他继续进行实验，并提醒科学界注意阴极射线对生物体的危害性，但他没有公开自己的实验成果。1892年赫兹进行实验，提出阴极射线可以穿透非常薄的金属箔。赫兹的学生伦纳德进一步研究这一效应，对很多金属进行了实验。

1895年间，伦琴使用他的同行赫兹、希托夫、克鲁克斯、特斯拉设计的设备研究真空管中的高压放电效应。因为阴极射线是由一束电子流组

★ 伦琴妻子是在X光作用下在照相底片上留下痕迹的第一人。现在X光检查已经非常普遍

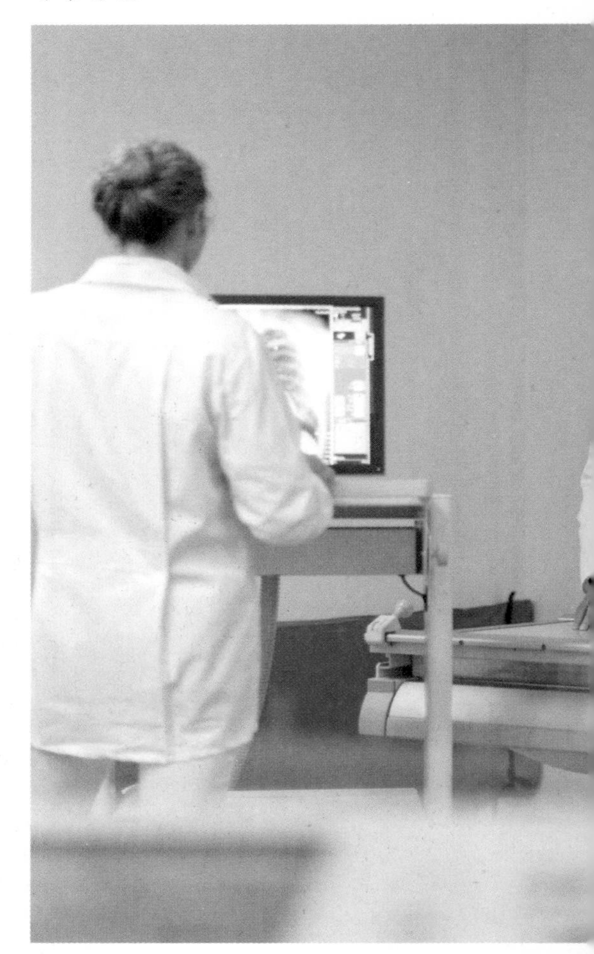

成的。当位于几乎完全真空的封闭玻璃管两端的电极之间有高电压时，就有电子流产生。阴极射线并没有特别强的穿透力，连几厘米厚的空气都难以穿过。这一次伦琴用厚的黑纸完全覆盖住阴极射线，这样即使有电流通过，也不会看到来自玻璃管的光。可是当伦琴接通阴极射线管的电路时，他惊奇地发现在附近一条长凳上的一个荧光屏（镀有一种荧光物质氰亚铂酸钡）上开始发光，就好像受一盏灯的感应激发出来似的。他断开阴极射线管的电流，荧光屏即停止发光。由于阴极射线管完全被覆盖，伦琴很快就认识到当电流接通时，一定有某种不可见的辐射线自阴极发出。由于这种辐射线的神秘性质，他称之为“X射线”——X在数学上通常用来代表一个未知数。

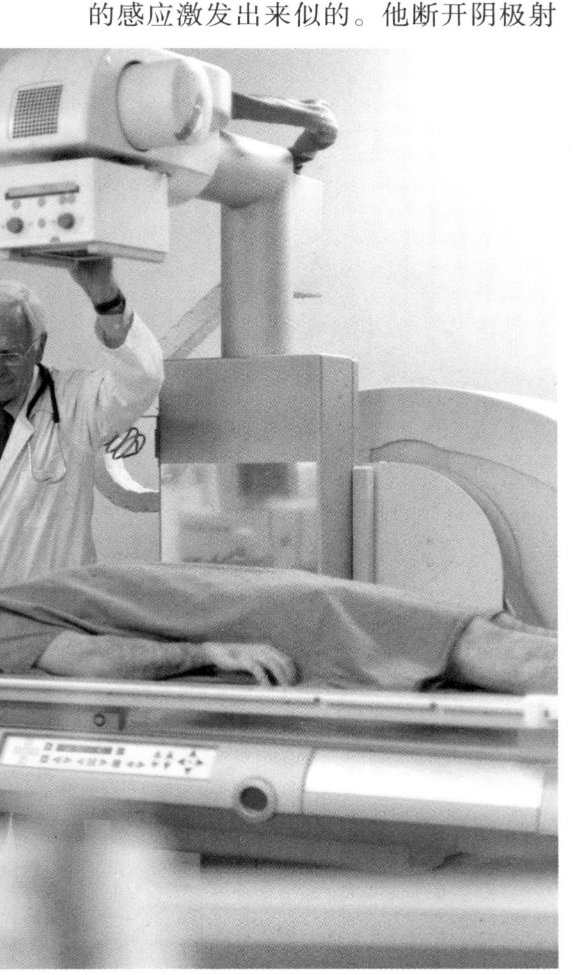

这一偶然发现让伦琴十分兴奋，接下来他开始专心致志地研究起了X射线。

他先把一个涂有磷光物质的屏幕放在放电管附近，结果发现屏幕马上发出了亮光。接着，他尝试着拿一些平时不透光的较轻物质——比如书本、橡皮板和木板放到放电管和屏幕之间去挡那束看不见的神秘射线，可是却无法将它挡住，它甚至能够轻而易举地穿透15毫米厚的铝板！直到他把一块厚厚的金属板放在放电管与屏幕之间，屏幕上才出现了金属板的阴影。看来这种射线还是没有能力穿透太厚的物质。实验还发现，只有铅板和铂板才能使屏幕不发光，当阴极管被接通时，放在旁边的照相底片也将被感光，即使用厚厚的黑纸将底片包起来也无济于事。

接下来更为神奇的现象发生了。一天晚上伦琴很晚也没回家，他的妻子来实验室看他，于是他的妻子便成了在那不明辐射作用下在照相底片上留下痕迹的第一人。当时伦琴要求妻子用手捂住照相底片。当显影后，夫妻俩在底片上看见了手指骨头和结婚

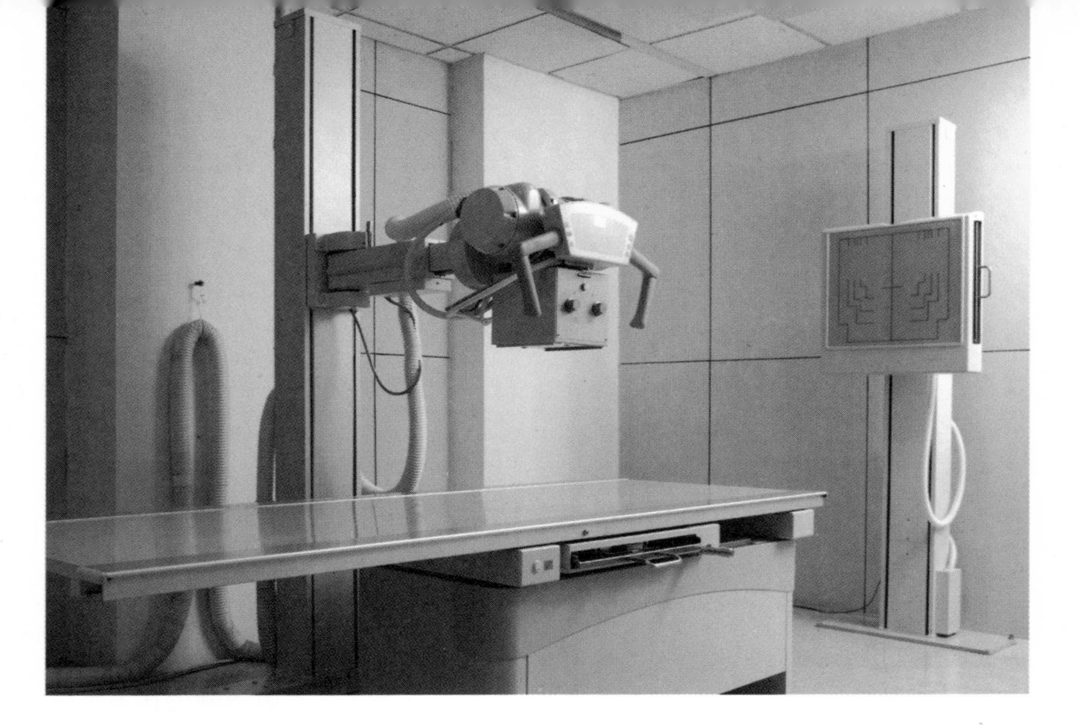

★ X光医疗设备

戒指的影像。

又经过一段时间的紧张工作，他发现了X射线的几点特性。

(1)X射线除了能引起氰亚铂酸钡发荧光外，还能引起许多其他化学制品发荧光。

(2)X射线能穿透许多普通光所不能穿透的物质，特别是能直接穿过肌肉但却不能透过骨骼。

(3)X射线沿直线运行，与带电粒子不同，X射线不会因磁场的作用而发生偏移。

1895年12月28日，伦琴用《一种新的射线——初步报告》这个题目，向维尔茨堡物理学医学协会做了报告，宣布他发现了X射线，阐述这种射线具有直线传播、穿透力强、不随磁场偏转等性质。这一发现立即引起了强烈的反响：1896年1月4日柏林物理学会成立50周年纪念展览会上展出X射线照片；1月5日维也纳《新闻报》抢先做了报道；1月6日伦敦《每日记事》向全世界发布消息，宣告发现X射线。这些宣传，轰动了当时国际学术界，论文《初步报告》在3个月之内就印刷了5次，立即被译成英、法、意、俄等国文字。1月中旬，伦琴应召到柏林皇宫，当着威廉皇帝和王公、大臣们的面做了演示。

与会者焦急地等待伦琴做关于他发现神秘的X光射线的报告，俨然在等一件爆炸性的重要新闻。维尔茨堡大学城的医生、学者、工程师、企业主、记者、摄影师和艺术家应邀而来，过道上、窗台上都挤满了大学生。预定的时间一到，伦琴就开始演讲。他向与会者介绍，他如何成功地发现了神秘的射线，并表示愿意当众演试这一过程。

“……现在我请凯利凯尔教授到工作台前来！”

著名的解剖学家站起身来，好不容易才挤到了前面。

“请把您的右手放到感光板上。”

医生的手遮住了暗匣，暗匣里有一块感光板。瓦格涅尔工程师将四周的光遮住，于是伦琴开始演示给妻子拍摄手骨的过程。当瓦格涅尔将显影后的感光板拿来之后，人们惊奇地看到了凯利凯尔教授的手骨骼图像。凯利凯尔教授又是赞叹又是兴奋。他提议说“请允许我向你们建议：今后就将X射线定名为伦琴射线，以此来表示对科学家威廉·康拉德·伦琴教授伟大劳动的由衷谢意！”伦琴来不及回答，掌声就掩盖了所有的声音。为了表明这是一种新的射线，伦琴采用表示未知数的X来命名。很多科学家主张命名为伦琴射线，伦琴自己坚决反对。

曾经有人建议伦琴拍卖自己的发现，这样可以获得巨大的财富。但是伦琴淡然一笑说：“我的发现属于所有的人。但愿我的这一发现能被全世界科学家所利用。这样，它就会更好地服务于全人类……”

伦琴一生献身科学，对物质利益十分淡泊，他不仅将自己的发现无私地奉献给了社会，也将自己所获诺贝尔奖金全部献给维尔茨堡大学以促进

★ 使科学发现服务于人类是伦琴进行科学研究的初衷

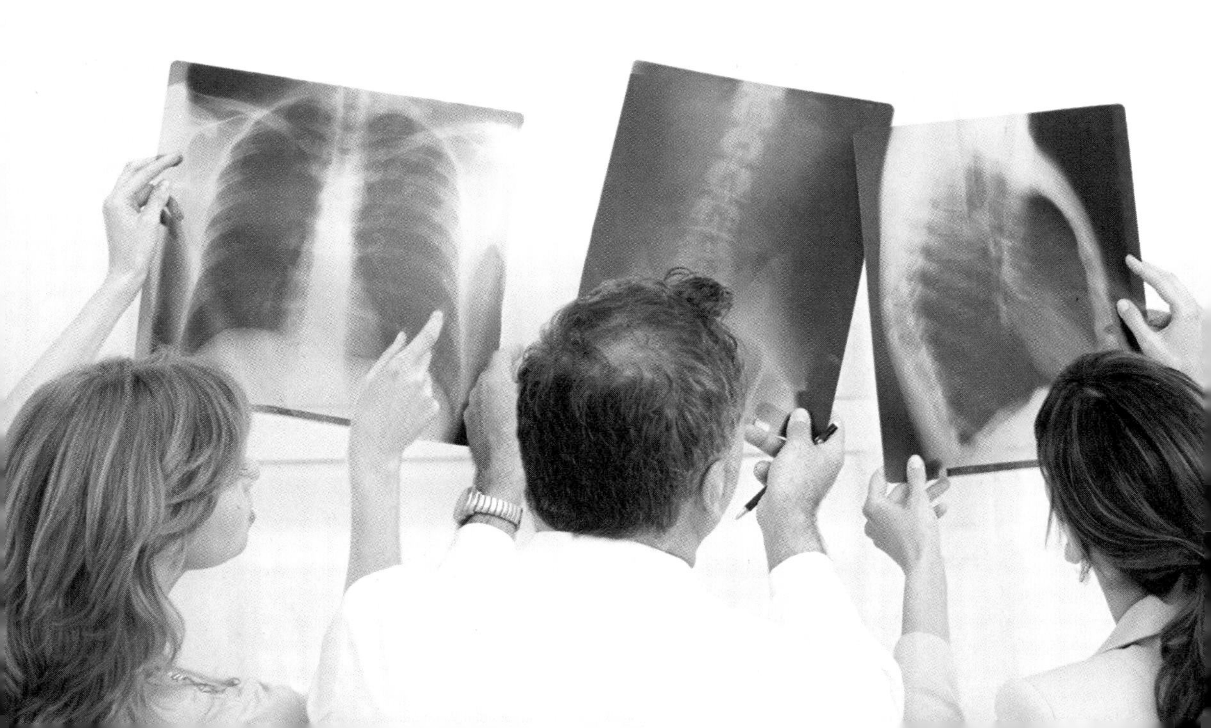

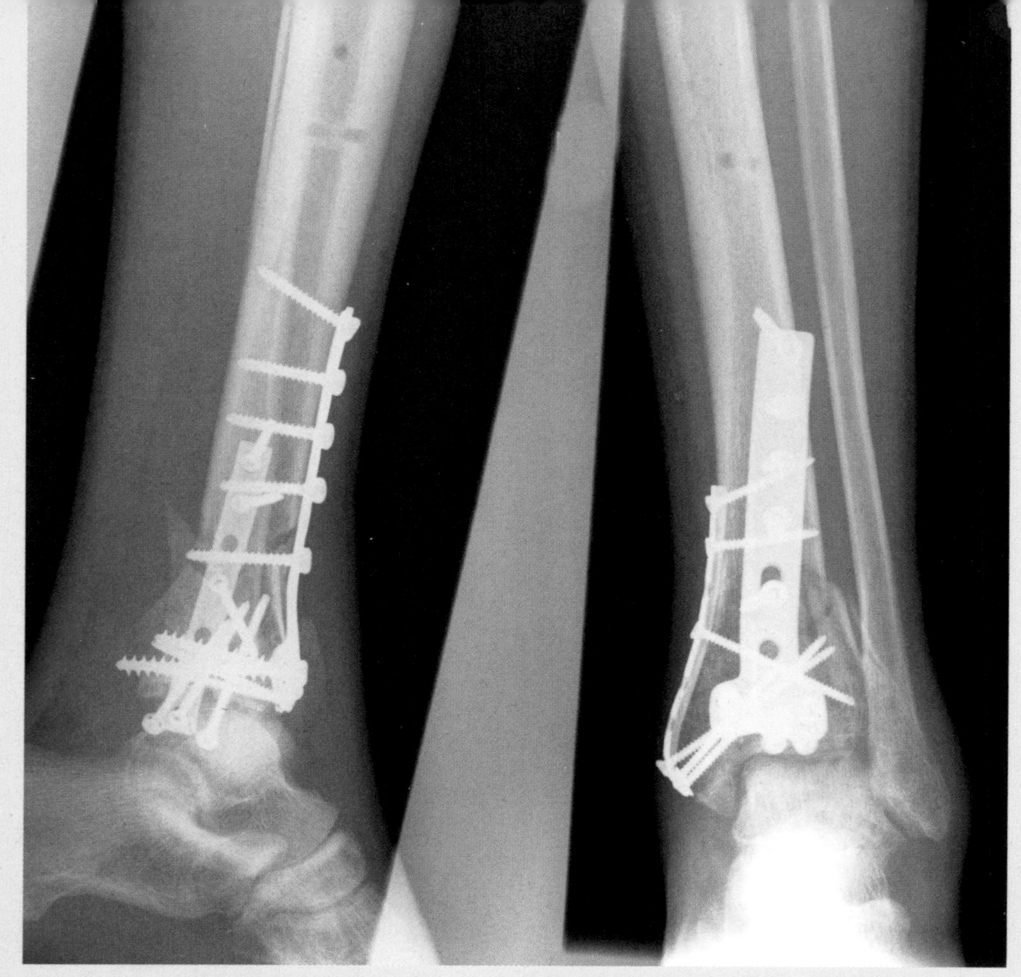

★ X射线拍摄的小腿骨折照片

科学的发展。

他的终生好友鲍·维利写道："他的突出性格是绝对的正直。我们大概可以这样说，无论从哪种意义上讲，他都是19世纪理想的化身：坚强、诚实而有魄力；献身科学，从不怀疑科学的价值；尽管他有自我批评精神并富有幽默感，但他也许被赋予了某种不自觉的同情心；他对人民，对记忆中的事物以及对理想具有一种少有的忠诚和牺牲精神……但在接受新思想上，他却胸襟宽大……"

X射线作为世纪之交的三大发现之一，引起了学术界极大的研究热情，在短短的几个月内就有数以百计的科学家在研究X射线，在一年之内发表的有关论文大约有一千篇！有关的小册子达50种。

1901年，伦琴获得了诺贝尔奖问世之后的第一个物理学奖。

X射线的后续应用研究

X射线的发现，掀起了一股科学研究热潮。

1895年爱迪生研究了材料在X光照射下发出荧光的能力，发现钨酸钙最为明显。1896年3月爱迪生发明了荧光观察管，后来被用于医用X光的检验。

1896年亨利·贝克勒尔在发光材料的试验中偶然发现了一种新射线的穿透性。这样伦琴的发现间接地影响了放射性的发现。因为该发现1903年贝克勒尔和居里夫妇被共同授予诺贝尔奖。

1912年德国物理学家劳厄发现了X射线通过晶体时产生衍射现象，证明了X射线的波动性和晶体内部结构的周期性，发表了《X射线的干涉现象》一文。劳厄的文章发表不久，就引起英国布拉格父子的关注。他们都是X射线的微粒论者，小布拉格经过反复研究，成功地解释了劳厄的实验事实。他以更简洁的方式，清楚地解释了X射线晶体衍射的形成，并提出了著名的布拉格公式。布拉格公式不仅证明了小布拉格解释的正确性，更重要的是证明了能够用X射线来获取关于晶体结构的信息。1912年11月，年仅22岁的小布拉格以《晶体对短波长电磁波衍射》为题向剑桥哲学学会报告了上述研究结果。老布拉格则于1913年元月设计出第一台X射线分光计，并利用这台仪器，发现了特征X射线。父子两人合作测定了金刚石的晶体结构，并

★ X射线衍射可用于分析晶体结构的有效性。利用它的这一特性，人们证实了金刚石是碳原子的四个键按正四面体形状排列的结论

用劳厄法进行了验证。金刚石结构的测定完美地说明了化学家长期以来认为的碳原子的四个键按正四面体形状排列的结论。这对尚处于新生阶段的X射线晶体学来说是一个非常重要的事件，它充分显示了X射线衍射用于分析晶体结构的有效性，使其开始为物理学家和化学家普遍接受。

20世纪90年代，哈佛大学建立了钱德拉X射线天文台，用来观测宇宙中强烈的天文现象中产生的X射线。与从可见光观测到的相对稳定的宇宙不同，从X射线观测到的宇宙是不稳定的。它向人们展示了恒星如何被黑洞绞碎，星系间的碰撞等宇宙中的“斗争”。

现在X射线已经被广泛地应用在医学、工业、军事等诸多领域。

伦琴卫星

伦琴卫星是德国、美国和英国联合研制的一颗X射线天文卫星，为纪念发现X射线的德国物理学家伦琴而命名。于1990年6月1日发射升空。

在后来的9年里，伦琴卫星探测到了150,000个X射线源，取得了一批重要的成果，包括拍摄到了月亮的X射线照片、观测了超新星遗迹和星系团的形态、探测了分子云发出的弥散X射线辐射阴影、孤立中子星等等，还发现了彗星的X射线辐射。1999年12月12日，伦琴卫星停止工作。

★ 利用X射线能观测到宇宙间的“斗争”，如恒星会被黑洞绞碎、星系之间会发生碰撞等

物质的天然放射性

引言：

提到放射性，人们就会想起居里夫人，其实，法国物理学家亨利·贝克勒尔是发现物质天然放射性的第一人。

认识放射性

放射性是指元素从不稳定的原子核自发地放出射线（如α射线、β射线、γ射线等），衰变形成稳定的元素而停止放射（衰变产物），这种现象称为放射性。简单来讲，放射性就是元素的自发衰变现象。

放射性又分为天然放射性和人工放射性。

天然放射性指天然存在的某些物质所具有的能自发地放射出α或β或γ射线的性质，称为天然放射性。

自然界不存在而通过核反应的办法所获得的放射性，称为人工放射性。人工放射性最早是在1934年由法国科学家约里奥·居里夫妇（居里夫人的女儿和女婿）发现的。人工放射性核素主要是通过裂变反应堆和粒子加速器制备。如裂变反应堆主要通过中子引起重核裂变，从产物中提取放射性核素，或利用反应堆产生的中子流照射靶核而成为放射性核素。

天然放射性是由法国物理学家贝克勒尔在研究铀盐的实验中首次发现的。

贝克勒尔的发现旅程

贝克勒尔在实验中发现铀盐所放出的这种射线能使空气电离，也可以穿透黑纸使照相底片感光。他还发现，外界压强和温度等因素的变化不会对实验产生任何影响。贝克勒尔的

放射性物质

放射性物质是那些能自然地向外辐射能量、发出射线的物质。一般都是原子质量很高的金属，像钚，铀等。放射性物质放出的射线有三种，它们分别是α射线、β射线和γ射线。

为了放射性货物的安全运输，人们一般将放射性物质分为五类：

1、低比活度放射性物质；2、表面污染物体；3、可裂变物质；4、特殊形式放射性物质；5、其他形式放射性物质。

★ 铀矿石看似普通，但因为铀元素的存在，它就具有了一定的放射性

这一发现意义深远，它使人们对物质的微观结构有了更新的认识，并由此打开了原子核物理学的大门。

1、贝克勒尔其人

安东尼·亨利·贝克勒尔是法国科学院院士，擅长于荧光和磷光的研究。贝克勒尔1852年12月15日生于法国巴黎。他出身于一个有名望的学者和科学家的家庭。他的父亲亚历山大·爱德蒙·贝克勒尔是位应用物理学教授，对于太阳辐射和磷光有过研究。他的祖父叫安东尼·塞瑟，皇家学会会员，是用电解方法从矿物提取金属的发明者。1872年贝克勒尔进入综合工艺学院，1877年成为工程师，1894年晋升为总工程师。从1878年起他被任命为自然历史博物院的助教，继承了他父亲在艺术工艺学院的应用物理学讲座。

★ 贝克勒尔

1892年贝克勒尔被任命为巴黎博物院自然历史部的应用物理学教授。他由于研究荧光现象而发现铀的放射性，并因此获1903年诺贝尔物理学奖。他于1908年逝世。

2、发现过程

贝克勒尔对天然放射性现象的研究源于法国科学院的一次会议。

1895年底，伦琴将他的《一种新射线》和一些X射线照片分别寄给各国著名的物理学家，其中包括法国的庞加莱（庞加莱是著名的数学物理学家、法国科学院院士）。

庞加莱收到伦琴寄给他的论文和照片，在1月20日的法国科学院的会议上展示了这些资料。由于X射线的产生与真空玻璃管中的强烈的磷光有关，庞加莱在会上提出假设：被日光照射而发磷光的物质也应发出一种不可见的、有穿透能力的、类似于X射线的辐射。这时，一位中年物理学家站起来请教主讲人“X”射线发射区精确地讲应该是哪一部分。庞加莱说是阴极射线照射的玻璃冻壁，这位物理学家当即表示不同意这种看法，并提出阴极射线会使整个玻璃体产生荧光，在阴极射线的照射下，可能还有其他物质也会发出同“X”射线类似的射线。这位物理学家就是贝克勒尔。当时贝克勒尔44岁，他已经在光学、磁学等方面进行过大量研究工作并取得了一定的成果。他虽然不认同庞加莱的说法，但是这件事情还是大大激励了他的兴趣，会后第二天他就开始实验荧光物质会不会产生X射线。

其实，当时的法国科学界正处在伦琴发现X射线掀起的X射线研究热潮中，加上这次会议的机缘巧合，贝克勒尔开始了对X射线的研究，但却在偶然中发现了更为重要的放射现象。

贝克勒尔精心设计了研究方案，他用一张黑纸包好一张感光底片，在底片上放置两小块铀盐和钾盐的混合物作为荧光物质放在用黑纸包着的胶片感光板上。在其中一块和底片之间放了一枚银元，然后把这些东西放在阳光下放置几小时，让底片略微有些感光，虽不太清晰，但还可以分解出

★ 底片感光是一种化学反应，正是在这种现象中，贝克勒尔发现了放射性

物体的影像。

1896年2月24日，贝克勒尔向法国科学院提交了《论磷光辐射》的报告。

他发现，硫酸钾铀盐在阳光下曝晒几小时后能发出一种射线，这种射线能穿透黑纸而使照相底片感光。贝克勒尔和其他科学家想法一样，认为这种射线类似于X射线，其发射是以太阳光对铀盐晶体的激发为条件。

贝克勒尔准备多重复几次试验，可是天公不作美，2月26日和27日是阴天，他把准备好的用黑纸包着的底片和铀盐试验装置原封不动地锁进抽屉中。到了3月1日，天放晴了，贝克勒尔为了向第二天的科学院会议提供感光图像强度和磷光强度及持续时间关系的证据，冲洗了一张底片，使他感到目瞪口呆的是，底片上被压在铀盐下的部分异乎寻常的黑，不像平时晶体经过曝晒后那样微黑。他又冲洗了一张，依然显示出同样的结果。然后他在暗室内又准备了一张照相底片、一个带有铝隔板的干板夹和一个纽扣形状的铀盐片。5小时后，冲洗出来的底片还是感光了。

既然不用阳光也能取得清晰的影像，那么在黑暗中会怎么样呢？他接着又把荧光物质放在用黑纸包的照相底片上，并且一齐放进一个封严的箱子内，结果，尽管完全排除了外界光线的作用，底片上还是出现了清晰可见的影像。

贝克勒尔还未从铀盐放出的射线是由于太阳光对铀盐晶体的激发而产生的这一错误观念中解脱出来。对于在没有阳光的情况下，底片上出现的明显感光现象，他的解释是：虽然没有太阳光照射，但磷光现象中产生的不可见射线的寿命长于磷光寿命，所以磷光消失后仍有这种不可见射线。

贝克勒尔并没有满足于自己的研究，他仍在继续思考着：是不是所有的荧光物质都能在黑暗中使底片曝光呢？他发现用硫化锌和硫化钙时，什么也没看见，只有选用铀盐物质时，才会得到穿透黑纸的神秘力量。

接着，他又通过对各种铀盐的观测，得出了“铀是一种能发射出射线的元素”的结论，由此放射性现象被发现了。

1896年，贝克勒尔宣布“我研究过的铀盐，不论是发荧光的，还是不发荧光的，是结晶的熔融的或是在溶液中的，都有相同的性质——不停地发出不可见的射线。这就使我得到结论：铀是主要因素。我用纯铀粉做了实验，证明了这个结论。”贝克勒尔终于发现了揭开物质内部秘密的又一把金钥匙——物质的放射性。

贝克勒尔的这一发现意义深远，它不仅使原有的原子观念发生了重要变化，也是人们认识原子核的开始。它为人类打开了原子核物理学的大门。

1903年，贝克勒尔因这一发现而获诺贝尔奖，但是，由于在放射性发现初期，人们并不知道它的危害，贝克勒尔因为过多接受了放射线的损害而成为第一个牺牲者。在1908年，仅有56岁的贝克勒尔病逝了。

科学界为了表彰他的杰出贡献，将放射性物质的射线定名为“贝克勒尔射线。”1975年第十五届国际计量大会为纪念贝克勒尔，将放射性活度的国际单位命名为贝克勒尔，简称贝克，符号Bq。放射性元素每秒有一个原子发生衰变时，其活度即为1贝克。

任何科学成就的取得都不是偶然得之，贝克勒尔的发现看似偶然，实则建立在他深厚的学科基础之上，他的发现又为后来的科学研究奠定了基础，今天人类对核的认识，对核能的应用都饱含着科学先驱们的心血甚至宝贵的生命。

铀

铀是元素周期表中第七周期MB族元素，锕系元素之一，是重要的天然放射性元素，元素符号U，原子序数92，原子量238.0289。铀是目前普遍使用的核燃料。

铀的天然同位素组成为：铀–238、铀–235、铀–234。其中铀–235是唯一天然可裂变核素，受热中子轰击时吸收一个中子后发生裂变，放出总能量为195MeV（兆电子伏特），同时放2～3个中子，引发链式核裂变；纯度为3%的铀–235为核电站发电用低浓缩铀，铀–235纯度大于80%的铀为高浓缩铀，其中纯度大于90%的称为武器级高浓缩铀，主要用于制造核武器。铀–238是制取核燃料钚的原料。

★ 今天人类对核能的应用都饱含着科学先驱的心血。图为大亚湾核电站发电机组

物质的基本粒子：电子

引言：

电子是在1897年，由剑桥大学卡文迪许实验室的约瑟夫·汤姆逊在研究阴极射线时发现的。

电子概述

电子是一种带有负电的亚原子粒子，电子所带电荷为$e=1.6\times10^{-19}$库仑，通常标记为e−。电子属于轻子类，以重力、电磁力和弱核力与其他粒子相互作用。

由电子与中子、质子所组成的原子，是物质的基本单位。相对于中子和质子所组成的原子核，电子的质量显得极小。质子的质量大约是电子质量的1842倍，因此在计算原子质量时，电子通常被忽略不计。

当原子的电子数与质子数不等时，原子会带电；带电的原子被称为离子。当原子得到额外的电子时，它带有负电，叫阴离子，失去电子时，它带有正电，叫阳离子。

当电子脱离原子核束缚在其他原子中自由移动时，其产生的净流动现象称为电流。当物体带有的电子多于或少于原子核的电量，会出现正负电量不平衡的情况，这时就会出现静电。

基本性质：

电子在原子内做绕核运动，能量高的离核较远，能量低的离核较近。通常把电子在离核远近不同的区域内运动称为电子的分层排布。

1. 电子是在原子核外距核由近及远、能量由低至高的不同电子层上分层排布；

2. 第一层最多可有2个电子，第二层最多可以有8个，第n层最多可容纳$2n^2$个电子，最外层最多容纳8个电子。

3. 电子一般总是尽量先排在能量最低的电子层里，即先排第一层，当第一层排满后，再排第二层，第二层排满后，再排第三层。最后一层的电子数量决定物质的化学性质是否活泼。

电子云

电子云是电子在原子核外空间概率密度分布的形象描述，电子在原子核外空间的某区域内出现，好像带负电荷的云笼罩在原子核的周围，人们形象地称它为“电子云”。

当最外层电子数为8，最内层电子数为2时，该原子就形成相对稳定结构了（氦除外，氦的电子数为2但也是相对稳定结构），不易发生化学反应，稀有气体一般都为相对稳定结构，所以不易发生化学反应，而非稀有气体能够通过化学变化成为相对稳定结构。

在许多物理现象里，像电传导、磁性或热传导，电子都扮演了重要的角色。移动的电子会产生磁场，也会被外磁场偏转。呈加速度运动的电子会发射电磁辐射。

汤姆逊生平

约瑟夫·约翰·汤姆逊，英国物理学家，电子的发现者。世界著名的卡文迪许第三任实验室主任。他于1856年出生在英国曼彻斯特，父亲是一个专印大学课本的商人，由于职业的关系，他父亲结识了曼彻斯特大学的一些教授。汤姆逊从小就受到学者的影响，学习很认真，14岁便进入了曼彻斯特大学。在21岁他被保送进了剑桥大学三一学院深造，23岁时就被任命为大学讲师。在这一时期，他发表了《论涡旋环的运动》和《论动力学在物理学和化学中的应用》论文，他在物理学方面已经有了很高的修养。

1884年，年仅28岁的汤姆逊被选为皇家学会会员，并接替瑞利，担任

★ 汤姆逊学习认真且十分聪慧，在14岁时就进入了曼彻斯特大学。图为曼彻斯特大学

了卡文迪许实验室的主任职务。在此后的35年时间里，在汤姆逊的组织领导下，卡文迪许实验室成为世界第一流的物理学研究基地，并培养出许多优秀的物理学家，其中有9名后来获得了诺贝尔奖。

1897年汤姆逊在研究稀薄气体放电的实验中，证明了电子的存在，测定了电子的荷质比，轰动了整个物理学界。

1905年，他被任命为英国皇家学院的教授。

1906年荣获诺贝尔物理学奖。

1916年任皇家学会主席。

汤姆逊在物理学领域有许多重要贡献。除了发现电子，他还提出了原子的结构模型——汤姆逊原子模型；1912年他指出了同位素的存在；在电学理论方面，他在研究电磁波被自由带电粒子散射时，发现了“汤姆逊散射”，给出了光被自由电子散射的情况下有效截面的表达式，即汤姆逊公式等等。

1940年8月30日，汤姆逊逝世于剑桥。终年84岁。他的遗体和牛顿、达尔文、开尔文等著名学者一起安放在伦敦中心的威斯敏斯特教堂。

发现过程

1、关于阴极射线的争议

气体分子在高压电场下可以发生电离，使本来不带电的空气分子变成具有等量正、负电荷的带电粒子，使不导电的空气变成导体。是什么原因让空气分子变成带电粒子的？带电粒子从何而来？

科学家在研究气体导电时发现了辉光放电现象。

1858年德国物理学家普吕克尔较早发现了气体导电时的辉光放电现象。德国物理学家戈尔德斯坦研究辉光放电现象时认为这是从阴极发出的某种射线引起的，这种射线就是被他命名的阴极射线。

★ 科学家们向人类展示了物质的微观世界，图为水分子的组成模型。水分子是由一个氧原子和两个氢原子组成的，但是原子并不是最小的粒子，它其中还包含有电子

对于阴极射线的本质，有大量的科学家做了大量的科学研究，主要形成了两种观点：电磁波说、粒子说。

(1)电磁波说：认为这种射线的本质是一种电磁波的传播过程。

(2)粒子说：认为这种射线的本质是一种高速粒子流。

德国物理学家普吕克尔和戈尔德斯坦都认为阴极射线是类似于紫外线的以太波。这一观点得到了赫兹等人的支持。赫兹认为阴极射线是一种电磁波。

1871年，英国物理学家瓦尔利从阴极射线在磁场中发生偏转的事实，认为这一射线是由带负电的物质微粒组成的。这一观点得到英国的克鲁克斯和舒斯特的肯定和发展。1879年，克鲁克斯设计和制作了一系列阴极射线管并演示了阴极射线的各种性质。他证实阴极射线不但能传递能量，还能传递动量。他认为，阴极射线是由带负电的“分子流”组成的。这些分子是真空管内残余气体的分子，它们撞到阴极上，带上了负电荷，于是就受到阴极的排斥，沿着与阴极表面垂直的方向飞走。

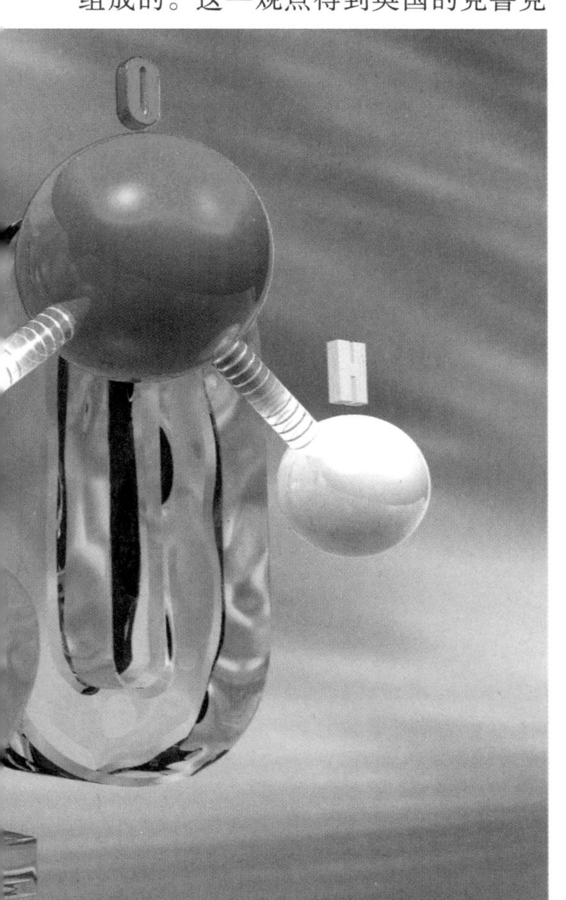

舒斯特也主张阴极射线是带电粒子流。1890年，他根据阴极射线的磁偏转和放电管电极之间的电势差来计算这一带电粒子所带电量e与其质量m之比即荷质比e/m，得出e/m在$5\times10^{6}\sim5\times10^{10}$库仑/千克之间。舒斯特由此得出结论，阴极射线是由带电的原子组成的。这样，关于阴极射线的组成问题，就形成了这样两种对立的观点：以赫兹为代表的德国学派的波动说和以克鲁克斯为代表的英国学派的带电微粒说。

两个学派在19世纪后30年中展开了激烈的争论，直到1897年，汤姆逊在完成了一系列的阴极射线的实验之后，才解决了阴极射线的组成问题。

2、汤姆逊的实验发现

汤姆逊从1881年开始对阴极射线进行研究，经过一系列的试验，在1897证实了阴极射线的微粒性，测量了粒子的速度和荷质比。

汤姆逊将一块涂有硫化锌的小玻璃片，放在阴极射线所经过的路途

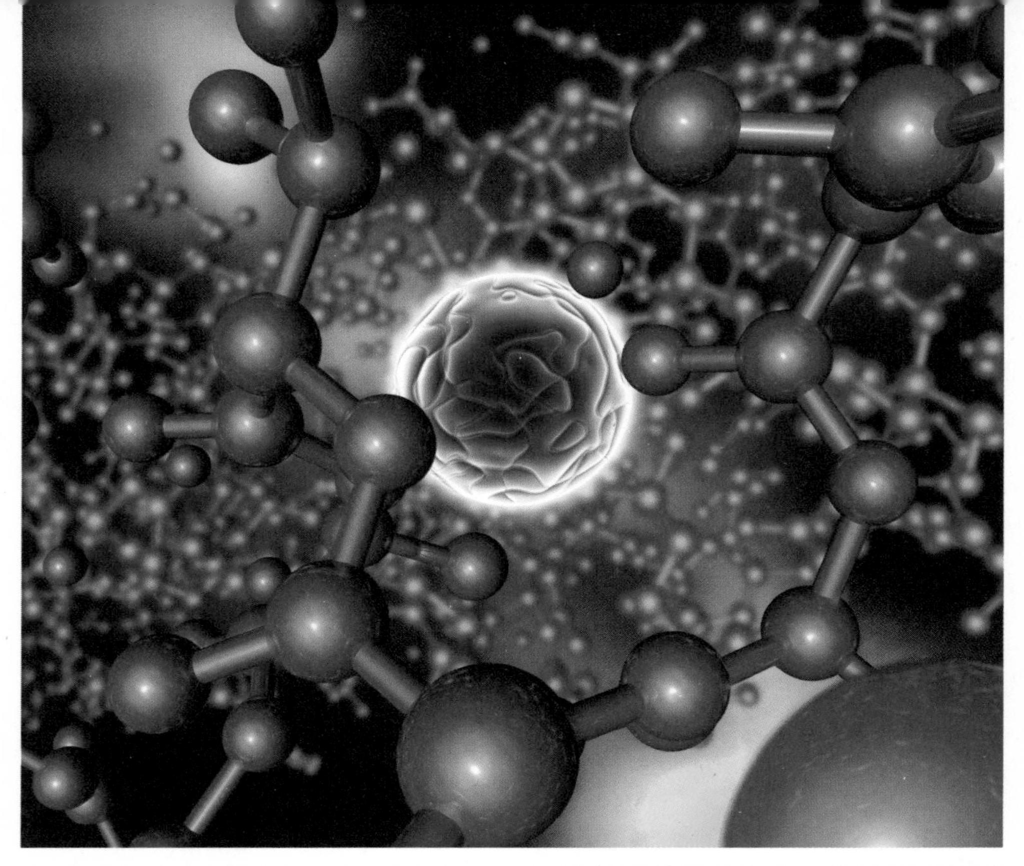

★ 微观粒子对于普通人而言十分抽象，在科学家眼里却十分形象。通过何种途径可以使这些微小的粒子发生变化，科学家们了然于胸

上，看到硫化锌会发闪光。这说明硫化锌能显示出阴极射线的“径迹”。他发现在一般情况下，阴极射线是直线行进的，但当在射击线管的外面加上电场，或用一块蹄形磁铁跨放在射线管的外面，就发现阴极射线都发生了偏折。根据其偏折的方向，不难判断出带电的性质。

汤姆逊在1897年得出结论：这些“射线”不是以太波，而是带负电的物质粒子。

但他反问自己：“这些粒子是什么呢？它们是原子还是分子，还是处在更细的平衡状态中的物质？”这需要做更精细的实验。当时还不知道比原子更小的东西，因此汤姆逊假定这是一种被电离的原子，即带负电的“离子”。他要测量出这种“离子”的质量来，为此，他设计了一系列既简单又巧妙的实验：首先，单独的电场或磁场都能使带电体偏转，而磁场对粒子施加的力是与粒子的速度有关的。汤姆逊对粒子同时施加一个电场和磁场，并调节到电场和磁场所造成的粒子的偏转互相抵消，让粒子仍做直线运动。这样，从电场和磁场的强度比值就能算出粒子运动速度。而速度一旦找到后，单靠磁偏转或者电偏转就可以测出粒子的电荷与质量的比值。汤姆逊用这种方法来测定“微粒”电荷与质量之比值。从而从根本

上解决了阴极射线的组成问题。

汤姆逊采取用静电场和磁场使阴极射线偏转的方法，测得$e/m=(0.7\sim0.9)\times10^{11}$库仑/千克，其值约为当时电解中氢离子荷质比的1000倍。汤姆逊分析，阴极射线的e/m大的原因可能是m小，也可能是e大，或两者兼而有之。

汤姆逊判断阴极射线粒子的质量比普通分子小得多，因为这样才能解释阴极射线透过薄铝片并在一般大气压下的空气中穿过半厘米以上的事实。

汤姆逊还给放电管充以各种气体，并用不同金属做电极进行实验，所得e/m值大致相同。这表明来自各种不同物质的阴极射线粒子都是一样的。根据上述实验结果，1897年4月，汤姆逊在英国皇家学院的一次讨论会上宣布：阴极射线是由一种带负电的粒子组成的。为了更直接地证明阴极射线粒子的质量比原子的质量小，1898年，汤姆逊又和他的学生们继续做直接测量带电粒子电量的研究，其中之一就是用威尔逊云室。威尔逊已经注意到在适宜的环境下，电荷起着过饱和蒸汽的凝结核的作用。因为水会在它们上面冷凝，这有助于雾的形成。在这样一种由于电荷的存在而形成的雾里，人们可以根据小雾滴下落的速度而计量它们的体积，从沉淀的水的总量或根据最初的过饱和蒸汽算出它们的数目。根据这个数据可以得到雾中所有的小滴子数。根据由雾所传输的总电荷（这是直接可测的）可以发现平均每一个小滴上的电荷与电子电荷相同。

汤姆逊据此实验最后测出电子电荷是1.1×10^{-19}库仑，并证明了电子的质量约是氢离子的千分之一。汤姆逊最终解开了阴极射线之谜。

这以后不少科学家较精确地测量了电子的电荷值，其中有代表性的是美国科学家密立根。密立根改进了实验，他不观察雾而是观察单个的油滴（这就是著名的油滴实验）；他将此法变革为一个精确的方法，得到值为4.78×10^{-10}esu（esu为静电库仑）的电子电荷。许多年以来，这一直是一个最好的直接测量值。直到1929年，科学家发现它竟然有百分之一的误差，比估计可能有的误差大得多。今天所知的电子电荷值精确度为百万分之三，即4.803242×10^{-10}esu；已知的精确度为百万分之六的e/m是5.272764×10^{-17}esu/g。

汤姆逊测得的结果肯定地证实了阴极射线是由电子组成的，人类首次用实验证实了一种“基本粒子”——电子的存在。

1899年，汤姆逊正式把这种粒子命名为“电子”。

实际上，在汤姆逊之前，舒斯特于1890年就研究过用磁场使阴极射线偏转的实验，并计算出构成阴极射线微粒的荷质比为氢离子荷质比的上千倍。但是，他认为把阴极射线看成质量仅为

☆剑桥大学因卡文迪许实验室的存在而厚重。卡文迪许实验室培养出了很多世界著名物理学家、化学家。汤姆逊就是在实验室任职期间发现了电子。现在卡文迪许实验室已经成为剑桥大学物理系的一部分。图为剑桥大学风光

油滴实验

油滴实验是罗伯特·密立根与哈维·福莱柴尔在1909年所进行的一项物理学实验，并使罗伯特·密立根因此获得1923年的诺贝尔物理学奖。

实验的目的是要测量单一电子的电荷。方法主要是平衡重力与电力，使油滴悬浮于两片金属电极之间。并根据已知的电场强度，计算出整颗油滴的总电荷量。重复对许多油滴进行实验之后，密立根发现所有油滴的总电荷值皆为同一数字的倍数，因此认定此数值为单一电子的电荷e。计算值为4.774×10^{-10}静电库仑（等于1.5924×10^{-19}库仑）。到2006年为止，已知基本电荷值为1.60217653×10^{-19}库仑。

氢原子的千分之一的微粒流是难以想象的，并且坚持点的连续性观念，错过了发现电子的机会。德国的考夫曼1896至1898年间也进行了阴极射线磁偏转的实验研究。他测得的阴极射线微粒的荷质比与现代测量的精确结果相差不到1%。但由于受传统观念“原子不可再分”的束缚，他对此迷惑不解，因此只发表了实验结果而未做出正确的解释。观念的改变，思想的创新，有时能决定科学上的重大发现。汤姆逊正是一位敢于同传统观念决裂的勇士，于是他叩开了现代物理学的大门。

电子的发现不仅揭示了电的物质本质，而且打破了统治人类思想两千多年的“原子不可分割”的观念，推翻了“物质的最小粒子是原子”的说法，使人类对微观世界有了新的认识。人们也称汤姆逊是“一位最先打开通向基本粒子物理学大门的伟人”。电子的发现成为继X射线、放射性发现之后的，19世纪末、20世纪初的物理学三大发现之一。

自从发现电子以后，汤姆逊就成为国际上知名的物理学者。1905年，他被任命为英国皇家学院的教授，1906年荣获诺贝尔物理学奖；1916年任皇家学会主席。在巨大的荣誉面前，汤姆逊并没有停止探索科学的脚步，他仍一如既往，兢兢业业，继续攀登科学的高峰。

汤姆逊在担任卡文迪许实验物理教授及实验室主任的34年间，着手更新实验室，引进新的教授法，创立了一个极为成功的研究学派。他不仅严格要求自己，还严格要求自己的学生。他要求学生在开始做研究之前，必须学好相关的实验技术。进行研究所用的仪器全要自己动手制作。他认为大学应是培养会思考、有独立工作能力的人才的场所，不是用“现成的机器”投影造出“死的成品”的工厂。因此，他坚持不让学生使用现成的仪器，他要求学生不仅是实验的观察者，更是做实验的创造者。

在他的严格要求和精心培养下，

接二连三的新发现像潮水般地从卡文迪许实验室涌出：电子云雾室，关于放射性的早期重要工作以及同位素，是这些最精彩的成就中的一部分。实验室还培养了众多的人才，卢瑟福、C.T.R.威尔逊、R.J.斯特拉特、C.G.巴克拉、O.W.里查生、F.W.阿斯顿、G.I.泰勒以及他的儿子G.P.汤姆逊等这些举世闻名的科学家都是汤姆逊的学生。汤姆逊为世界物理学的发展做出了卓越的贡献。

★ 汤姆逊有许多举世闻名的科学家学生，他为世界物理学的发展做出了巨大的贡献

钋和镭的发现

引言：

1898年，玛丽·居里和皮埃尔·居里宣布在沥青铀矿中用分馏法发现了放射性元素钋和镭。此后，他们又用结晶法提取出了镭，并对镭的性质、应用及其衰变产物的特性进行了一系列研究，为放射化学做出了伟大发现，推动了放射性物质和辐射效应的研究，这对核能的发展起着极为重要的作用。

钋和镭

钋是一种银白色金属，能在黑暗中发光，密度9.4克/立方厘米。熔点254℃，沸点962℃。所有钋的同位素都是放射性的。钋是世界上最毒的物质，也是目前已知最稀有的元素之一，在地壳中含量约为100万亿分之一。

天然的钋存在于所有铀矿石和钍矿石中，但由于含量过于微小，主要通过人工合成方式取得。

钋的α射线能使有机物质分解脱水，引发有机体一系列严重的生物效应。

钋是放射性元素中最容易形成胶体的一种元素，它在体内水解生成的胶粒极易牢固地吸附在蛋白质上，能与血浆结合成不易扩散的化合物，对人体的危害很大。钋-210进入人体后，能长期滞留于骨、肺、肾和肝中，其远期辐射效应会引起肿瘤。但是钋发射的α粒子在空气中的射程很短，不能穿透纸或皮肤，所以在人的体外不会构成外照射危险。

镭是一种放射性元素，具有很强的放射性，并能不断放出大量的热。作为一种化学元素，镭不但能放射出人们看不见的射线，而且不用借助外力，就能自然地发光并发热，含有很大的能量。镭有剧毒，它能取代人体内的钙并在骨骼中浓集，急性中毒时，会造成骨髓的损伤和造血组织的严重破坏，慢性中毒可引起骨瘤和白血病。但镭及其衰变产物发射γ射线，又能破坏人体内的恶性组织，因此镭针可治癌症。

此外，镭盐与铍粉的混合制剂，可作中子放射源，用来探测石油资源、岩石组成等。镭还是制造原子弹的材料之一。

镭在自然界分布很广，但含量极微，地壳中的含量为十亿分之一，

镭的半衰期

半衰期指在放射性衰变过程中，放射性元素的核数减少到原有核数的一半时所需的时间。半衰期是放射性元素的一个特性常数，一般不随外界条件的变化，如元素所处状态（游离态或化合态）的不同、或元素质量的多少而改变。每一种放射性元素都有一定的半衰期，不同的放射性元素，半衰期不同，甚至差别非常大。镭-226变为氡-222的半衰期为1620年，最长。

总量约1800万吨。现已发现质量数为206～230的镭的全部同位素，其中只有镭-223、224、226、228是天然放射性同位素，其余都是通过人工核反应合成的。居里夫人发现的镭，原子序数为88，原子量226.0254，属周期系ⅡA族，为碱土金属的成员和天然放射性元素。

科学伉俪——居里夫妇

皮埃尔·居里是法国著名的物理学家、居里夫人的丈夫。居里在1867年生于巴黎一个医生家庭。

他的儿童和少年时期，性格上喜欢个人沉思，平时也沉默寡言，总是喜欢独立思考，因此不适应普通学校的灌注式知识训练，不能跟班学习。他的父亲决定不让孩子上学，而是在家中自己教育。后来，他又把儿子托付给一位学识渊博的家庭教师去教导，这种旨在造就人才的自由教育方式对皮埃尔·居里的成长起到了显著成效。1877年，年仅18岁的皮埃尔就得到了巴黎大学的物理硕士学位。

1891年，他研究物质的磁性与温度的关系，建立了居里定律：顺磁质的磁化系数与绝对温度成反比。他在进行科学研究中，还自己创造和改进了许多新仪器，例如压电水晶秤、居里天平、居里静电计等。

1895年皮埃尔·居里和玛丽·居里结婚后，转而和她一起研究放射性，发现了钋和镭两种元素。由于他

★ 居里夫人

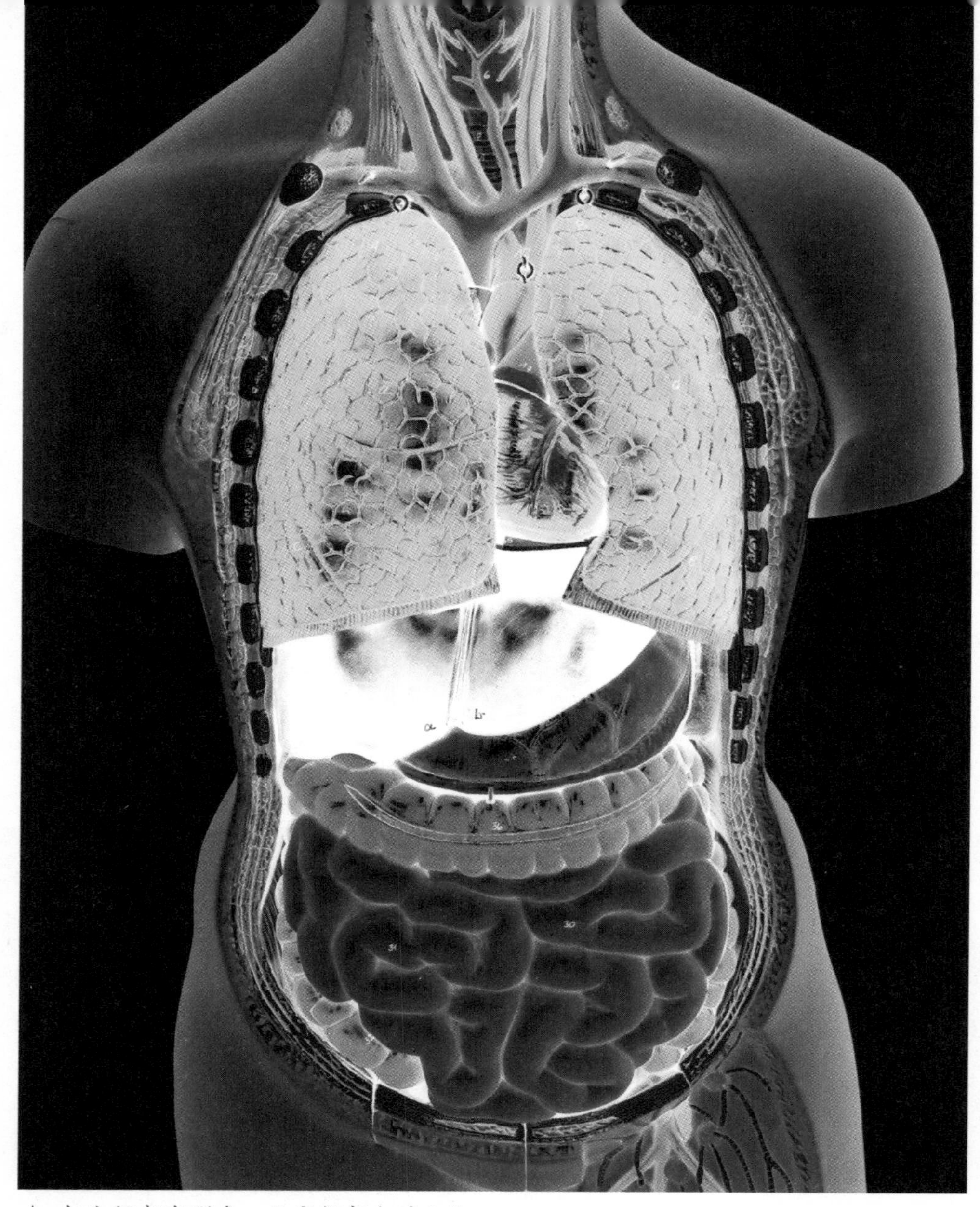

★ 钚和镭都有剧毒，且它们都会对人体造成一定伤害。如钚—210进入人体后，能长期滞留于骨、肺、肾中，长期辐射还会引起肿瘤。镭会造成骨髓的损伤和造血组织的严重破坏。居里夫人就是因为长期研究镭等多种放射性物质，在晚年得了白血病

们对贝克勒尔教授发现的放射性现象进行了深入研究并取得了辉煌的成就，在1903年，他们夫妇和贝克勒尔共同获得了诺贝尔物理学奖。

1906年，皮埃尔不幸被马车撞倒而去世。

居里夫人

居里夫人婚前姓名为玛丽亚·斯克沃多夫斯卡，是波兰裔法国籍女物

理学家、放射化学家，她是第一位两次荣获诺贝尔科学奖的伟大科学家。

玛丽·居里1867年11月7日生于波兰华沙的一个正直、爱国的教师家庭。她自小就勤奋好学，16岁时以金奖毕业于中学。因为当时俄国沙皇统治下的华沙不允许女子入大学，加上家庭经济困难，玛丽曾暂停学业做了三年多的家庭教师，但是她对知识的渴求从来就没有停止过，在教学期间，她还坚持自学。1892年，在父亲和姐姐的帮助下，她到巴黎求学的愿望实现了。来到巴黎大学理学院，她决心学到真本领，因而学习非常勤奋用功。每天她乘坐1个小时马车早早地来到教室，选一个离讲台最近的座位，以便清楚地听到教授所讲授的全部知识。

1893年，她终于以第一名的成绩毕业于物理系。第二年又以第二名的成绩毕业于该校的数学系，并且获得了巴黎大学数学和物理的学士学位。

在后来获得物理学硕士学位后，她来到了李普曼教授的实验室，开始了她的科研活动。就在这里，她结识了年轻的物理学家皮埃尔·居里。由于志趣相投、相互敬慕，玛丽和皮埃尔之间的友谊发展成爱情。1895年他们结为伉俪，携手开始了科学探索。

1903年，她与丈夫一起获得了诺贝尔物理学奖。正当他们再接再厉地进行科学研究之际，丈夫意外身亡，居里夫人承担起了家庭重任，继承了

★ 诺贝尔奖牌不是最贵的，但是它象征的无上荣誉是很多科学家梦寐以求的。居里夫人是第一位两次获得诺贝尔科学奖的科学家

丈夫未竟的事业。1911年居里夫人因为在分离金属镭和研究它的性质上所做的杰出贡献，她又获得了诺贝尔化学奖。她是至今为止，唯一一位两次获得诺贝尔科学奖的女性科学家。

居里夫人于1934年去世，死因是由于长期接触放射性物质而患上的白血病。

钋和镭的发现过程

1896年，法国物理学家贝克勒尔发表了一篇工作报告，详细地介绍了他通过多次实验发现的铀元素的放射特性，由此放射性被人类发现。放射性的发现引起了科学界的轰动，居里夫人也产生了极大的兴趣。这些能量来自于什么地方？这种与众不同的射线的性质又是什么？居里夫人决心揭开它的秘密。1897年，居里夫人选定了自己的研究课题——对放射性物质的研究。

在实验研究中，居里夫人设计了一种测量仪器，不仅能测出某种物质是否存在射线，而且能测量出射线的强弱。她经过反复实验发现：铀射线的强度与物质中的含铀量成一定比例，而与铀存在的状态以及外界条件无关。

她还认为，这种不可知的放射性是一种元素的特征。难道只有铀元素才有这种特性？遵循这一思路，她决定检查所有已知的化学物质。她依据门捷列夫的元素周期律排列的元素，逐一进行测定，结果很快发现另外一种钍元素的化合物，也自动发出射线，与铀射线相似，强度也较接近。由此她深信具有放射现象绝不只是铀的特性，而是有些元素的共同特性。因此她把这种现象叫作放射性，把铀、钍等具有这种特性的物质叫作放射性物质。

她还根据实验结果预料：含有铀和钍的矿物一定有放射性；不含铀和钍的矿物一定没有放射性。仪器检查完全验证了她的预测。她排除了那

辐射

辐射指的是能量以电磁波或粒子（如α粒子、β粒子等）的形式向外扩散。自然界中的一切物体，只要温度在绝对温度零度以上，都以电磁波和粒子的形式时刻不停地向外传送热量，这种传送能量的方式被称为辐射。

辐射可分为电离辐射和非电离辐射，电离辐射可以从原子或分子里面电离出至少一个电子。反之，非电离辐射则不行。电离能力，决定于射线（粒子或波）所带的能量。

电离辐射可引起放射病，它是机体的全身性反应，几乎所有器官、系统均发生病理改变，但其中以神经系统、造血器官和消化系统的改变最为明显。辐射可以致癌、引起胎儿的死亡和畸形等。

些不含放射性元素的矿物，集中研究那些有放射性的矿物，并精确地测量元素的放射性强度。在实验中，她发现一种沥青铀矿的放射性强度比预计的强度大得多，这说明实验的矿物中含有一种人们未知的新放射性元素，且这种元素的含量一定很少，因为这种矿物早已被许多化学家精确地分析过了。她果断地在实验报告中宣布了自己的发现，并努力要通过实验证实它。在这关键时刻，她的丈夫皮埃尔·居里也意识到了妻子发现的重要性，停下了自己关于结晶体的研究，来和她一道研究这种新元素。

皮埃尔的参加，对于玛丽来说无疑是一个极大的鼓励和支持。从此，夫妇二人在那间潮湿的实验室里开始通力合作，进行伟大的科学研究。

这种未知元素存在于铀沥青矿中，但是他们根本没有想到这种新元素在矿石中的含量只不过百万分之

★ 看似不起眼的矿石，却蕴藏着宝贵的财富。居里夫人就是从铀沥青矿中提炼出了镭

一。他们废寝忘食，夜以继日，按照化学分析的程序，分析矿石所含有的各种元素及其放射性，几经淘汰，逐渐得知那种制造反常的放射性的未知元素隐藏在矿石的两个化学部分里。经过不懈的努力，1898年7月，他们从其中一个部分寻找到一种新元素，它的化学性质与铅相似，放射性比铀强400倍。皮埃尔请玛丽给这一新元素命名，她安静地想了一会，回答说："我们可否叫它为钋？"玛丽以此纪念她念念不忘的祖国，那个在当时的世界地图上已被俄、德、奥瓜分掉的国家——波兰，为了表示对祖国的热爱，玛丽在论文交给理科博士学院的同时，把论文原稿寄回祖国，所以她的论文差不多在巴黎和华沙同时发表。她的成就为祖国人民争得了骄傲和光荣。

发现钋元素之后，居里夫妇以孜孜不倦的精神，继续对放射性比纯铀强900倍的含钡部分进行分析。经过浓缩，分部结晶，终于在同年12月得到少量的不很纯净的白色粉末。这种白色粉末在黑暗中闪烁着白光，据此居里夫妇把它命名为镭，它的拉丁语原意是"放射"。

科学的道路从来就不平坦。钋和镭的发现，以及这些放射性新元素的特性，动摇了几世纪以来的一些基本理论和基本概念。科学家们历来都认为，各种元素的原子是物质存在的最小单元，原子是不可分割的、不可改变的。按照传统的观点是无法解释钋和镭这些放射性元素所发出的放射线的。因此，无论是物理学家，还是化学家，虽然对居里夫人的研究工作都有一定兴趣，但是心中都有疑问。尤其是一些化学家则明确地表示，测不出原子量，就无法表示镭的存在。把镭指给我们看，我们才相信它的存在。

为了最终证实这一科学发现，也为了进一步研究镭的各种性质，居里夫妇必须从沥青矿石中分离出更多

★ 波兰是居里夫人的祖国，化学元素"钋"是居里夫人为了纪念祖国而命名的

的、并且是纯净的镭盐。

在分离新元素的研究工作开始时，他们并不知道新元素的任何化学性质。寻找新元素的唯一线索是它有很强的放射性。他们据此创造了一种新的化学分析方法。出于工作效率的考虑，分头开展研究。由居里先生试验确定镭的特性；居里夫人则继续提炼纯镭盐。

要从铀矿中提炼出纯镭或钋，并把它们的原子量测出来，这对于当时既无完好和足够的实验设备，又无购买矿石资金和足够的实验费用的居里夫妇，

显然比从铀矿中发现钋、镭要难得多。因为藏有钋和镭的沥青铀矿，是一种价格昂贵的矿物，这种矿物主要在波希米亚的圣约阿希姆斯塔尔矿，通过对这种矿物的冶炼，人们可以提取出制造彩色玻璃用的铀盐。居里夫妇是一对经济相当拮据的知识分子，他们无力支付购买沥青铀矿所需的高昂的费用。但他们没有被眼前的这只“拦路虎”所吓倒，他们几乎想尽了各种各样的办法。四处奔波，争取有关部门的帮助和支援。在他们的努力下，奥地利政府赠送了1吨铀矿残渣。居里夫妇这才长长地松了一口气，他们从朋友那里东挪西借，筹到了一笔钱，因为他们仍须购买这种原料，并且还需要付出运到巴黎的运费。

他们又在理化学校借到一个连搁死尸都不合用的破漏棚屋，开始了更为艰辛的工作。这个棚屋，夏天燥热得像一间烤炉，冬天却冷得可以结冰，不通风的环境还迫使他们把许多炼制操作放在院子里露天下进行。没有一个工人愿意在这种条件下工作，居里夫妇却在这一环境中奋斗了4年。

居里夫人在这个狭小、简陋的棚子里，每次把20多公斤的废矿渣放入冶炼锅里加热熔化，连续几个小时不间断地用一根粗大的铁棍搅动沸腾的渣液，而后从中提取仅含百万分之一的微量物质。

从1898年到1902年，经过无数次的提取，终于从7吨沥青铀矿的炼渣中提炼出0.1克的纯净的氯化镭，并测得

★ 居里夫人是在极其简陋的条件下进行科学实验的，这是居里夫人用于科学实验的简陋仪器

镭的原子量为225。镭元素是存在的，那些持怀疑态度的科学家不得不在事实面前低下头。这么一点点镭盐，这一简单的数字，凝聚了居里夫妇多少心血！夜间，当他们来到棚屋，不开灯而欣赏那闪烁着荧光的氯化镭时，他们完全沉醉在幸福而又神奇的幻境中。每当居里夫人回忆起这段生活，都认为这是“过着他们夫妇一生中最有意义的年代”。

发现并提炼出镭元素以后，皮埃尔·居里不顾危险，用自己的手臂试验镭的作用。他的臂上有了伤痕，他高兴极了！因为镭造成的伤痕在两个多月后仍有痛楚，这种射线的惊人力量给皮埃尔留下深刻印象，他因而着手研究镭在动物身上的作用。他与两个高级医生合作，不久就确信，利用镭破坏有病的细胞，可以治疗狼疮瘤和某几种癌肿。这种治疗法定名为放射疗法。许多法国的开业医生利用这种方法对上述疾病进行了最初的几次治疗，均获成效。他们用的激光气度试管，就是向玛丽和皮埃尔·居里借来的。居里夫人后来曾写道镭对皮肤的作用：“镭在这一方面的效果是令人鼓舞的；它的作用所毁坏的部分表皮，重长起来是健全的。”镭有用处——用处大极了！

居里夫妇对镭的发现和研究，得到了世人的认可，轰动了整个科学界。

无论是电子的发现、X射线的发现还有放射性的发现，都是科学家们在实验中才可观察、感知的，而镭元素的发现和提炼，让人们看到了实实在在的物质。因为镭的发现，人类才有可能研究放射现象，才能真正了解物质的结构，了解原子的结构。镭的发现，为人类探索原子世界的奥秘打开了大门。

居里夫人——伟大的科学家

1903年英国皇家学会邀请他们夫妇到伦敦讲学，并授予皇家学会最高的荣誉——戴维奖章。1903年底，居里夫妇和贝克勒尔一起被授予诺贝尔物理学奖。

伴随着荣誉而来的是繁忙的社交活动和频频的记者采访。而以科学研究为理想和事业的居里夫妇对此十分反感，他们甚至像逃难者一样躲到了乡下。一些看中镭商业价值的制镭业技师要居里夫妇申请这项发明的专利时，他们夫妇商议后做出决定：“不想由于我们的发现而取得物质上的利益，因此我们不去领取专利执照，并且将毫无保留地发表我们的研究成果，包括制取镭的技术。若有人对镭感兴趣而向我们请求指导，我们将详细地给以介绍，这样做，对于制镭业的发展将有很大好处，它可以在法国和其他国家自由地发展，并以其产品供给需要镭的学者和医生应用。”居里夫人更是说道：“那是违背科学精神的，科学家的研究成果应该公开发表，别人要研制，不应受到任何限制。”

什么是真正的无私，什么是宽阔的胸怀，居里夫妇以自己的言行为世人做了最好的诠释。

1899～1904年之间，居里夫妇

★ 居里夫妇受英国皇家学会邀请到伦敦讲学，并被授予皇家学会最高荣誉——戴维奖章。图为英国皇家学会外景

★ *在居里去世之后，居里夫人勇敢地接替了居里生前的教职，成为巴黎大学的第一位女教授。图为巴黎大学外景*

共发表了32篇学术论文，集中反映了他们在开拓放射学这个新的科学领域的贡献。当他们正以倍增的热情继续前进时，巨大的不幸发生了。1906年4月19日，皮埃尔在参加了一次科学家聚会后，步行回家横穿马路时，被辆奔驰的载货马车撞倒，当场失去了宝贵的生命。居里先生不仅是居里夫人的丈夫，更是工作伙伴、是居里夫人精神上的盟友。居里夫人悲痛万分，曾一度毫无生气。但是对科学事业的热爱，居里生前的嘱咐："无论发生什么事，即使一个人成了没有灵魂的身体，他都应该照常工作。"激励着她。她勇敢地接替了居里生前的教职，成为法国巴黎大学的第一个女教授。当她作为物理学教授做第一次讲演时，听课的人挤满了那个梯形教室，塞满了理学院的走廊，甚至因挤不进理学院而站到索尔本的广场上。这些听众除学生外，还有许多与玛丽素不相识的社会活动家、记者、艺术家及家庭妇女。他们赶来听课，更重要的是为了向这位伟大的女性表示敬意。居里夫人除了继续着居里的教学工作外，她还要建设起一个曾和居里共同梦想的实验室，让更多的青年科学家在这里成长。为了科学，居里夫人贡献出了她的全部才智和心血。

经过深入而细致的研究，玛丽在助手们帮助下，制备和分析金属镭获得成功，再一次精确地测定了镭元素的原子量。她还精确地测定了镭的半衰期，由此确定了镭、铀镭系以及铀镭系中许多元素的放射性半衰期，研究了镭的放射化学性质。在这些研究基础上，玛丽又按照门捷列夫周期律整理了这些放射性元素的蜕变转化关系。1910年9月，在比利时布鲁塞尔举行的国际放射学会议上，为了寻求一个国际通用的放射性活度单位和镭的标准，组织了包括玛丽在内的10人委员会。委员会建议以1克纯镭的放射强度作为放射性活度单位，并以居里来命名（1975年，第十五届国际计量学大会通过以贝克勒尔为国际单位制单位，原单位居里废止）。同年，居里夫人出版了她的名著《放射性专论》。

由于玛丽·居里在分离金属镭和研究它的性质上所做的杰出贡献，1911年她又荣获了诺贝尔化学奖。一位女性在不到十年的时间里，两次在不同的领域获得世界科学的最高奖项，这在世界科学史上是独一无二的。

1914年，巴黎建成了镭学研究所，居里夫人担任了学院的研究指导，之后她继续在大学里教课，并从事放射性元素的研究工作。在她的指导下，居里实验室完成了有关放射性研究的论文达500篇以上，其中有许多是开创性的研究成果；最为突出，同时也是她最高兴的，是1934年她的长女伊雷娜和女婿约里奥发现了人工放

★ 居里夫人在分离镭和研究它的性质上做出了杰出的贡献。图为居里夫人曾经用过的实验器械

★ 居里夫人为科学事业贡献了自己的一生。爱因斯坦曾评价说她是“唯一不为盛名所累的人”

射现象，并于1935年获得了诺贝尔化学奖。

由于当时人们并不了解射线对人体的破坏作用，加之长期在恶劣的、没有任何防护措施的环境中工作，居里夫人的身体受到了损害，她得了恶性贫血病，即白血症。但即便在生命垂危的时刻，她也没有因此而抱怨自己的工作，后悔自己对科学的选择。1934年7月4日，居里夫人离开了人世。

爱因斯坦在评价居里夫人一生的时候说：“她一生中最伟大的功绩——证明放射性元素的存在并把它们分离出来——所以能够取得，不仅仅是靠大胆的直觉，而且也靠着难以想象的和极端困难的情况下工作的热忱和顽强。这样的困难，在实验科学的历史中是罕见的。居里夫人的品德力量和热忱，哪怕只有一小部分存在于欧洲的知识分子中间，欧洲就会面临一个比较光明的未来。”

专题讲述

正确认识放射性

一听到“放射性、辐射之类的词语给人的感觉是神秘、可怕的，有的人甚至谈“放射性”色变。其实，放射性无时无刻不存在于我们的生活中，自然界到处都充满了辐射。

人类自古以来与辐射共存，可以说辐射伴随着人类的进化。地球本身就是一个放射源。地球上的放射性主要是由地壳岩石圈里铀系、钍系、锕系矿岩衰变产生的氡及其子体，俗称“氡气”。我们周围的土壤、空气、房屋、海洋、河流、粮食、蔬菜和饮用水等等都含有微量的放射性核素，这些放射性核素是自从地球存在以来就有的，它们伴随了我们人类从单细胞生物过渡到高等动物这数十亿年的进化过程，我们把这种放射性叫作天然辐射。在地球的不同地区天然辐射的剂量大小不一样，以辐射能力最强的宇宙射线而言，宇宙射线电离成分产生的有效剂量在我国最高地点是西藏，最低点是广东，两者相差约4倍。由于照射量小，人们已经适应了这种自然环境，不会影响身体健康。

除了地球本身的辐射之外，另一数量巨大的辐射就是宇宙射线。宇宙射线，对于一切企图逃避射线的人来说简直是一个沉重的打击，因为它从天而降，时时处处都在穿透着地球上的一切，甚至地下最深的煤矿坑道里也不能幸免。

地球所接受的最大量的、也是最近的宇宙辐射自然是太阳系辐射。没有太阳的辐射，地球将是一个在无底的黑暗中浮动着的无声无息的冷球，而绝不会有今天这样的一片兴旺景象。我们身体所能感受到的太阳辐射，主要是可见光线和热线，因为它给我们带来了光明和温暖。实际上太阳辐射不止这些，还有X射线、紫外线、无线电波以及大量的高能和低能质子等等。

由于宇宙射线进入大气层后，不可避免地要与大气中元素的核发生碰撞，损失其能量，所以，一般也只有高能宇宙射线在高海拔的地方能够被捕捉到。

★ 地球时刻都在接受着来自宇宙的各种辐射。我们生存的环境中也有各种各样的辐射，日常生活中的微量辐射并不会危害健康

没有来自太阳系的辐射就没有地球今天的兴旺景象，同样如果没有了辐射那我们的生活也会被改变。如电视机、电脑已经成为人们的家用电器，成为人们接受外界信息的重要工具。电视机在收看状态时，其显像管需要很高的加速电压，高电压使电子高速运行撞击靶物质产生了一种人们不希望有的副产品——X射线。一般来讲，在离电视机正面方向一米以外收看电视的公众是安全的。电脑的显像管与电视机大致相同，由于其激发电压低于电视机的电压，所以产生的X射线更低。我们能够因为辐射问题就不去看电视，不用电脑，抛弃手机吗?

此外，现在家庭装修过程中所用石材本身也带有放射性。一般来说，大理石的放射性比活度低微，不足为虑。花岗石的放射性比活度，红色>浅红色>灰白色>白色、黑色。在加工过程中，虽然已经去掉了大部分辐射，但是微量辐射仍然存在。不光石材具有放射性，油漆、水泥、红砖、陶瓷等其他建筑材料也有。

其实，日常生活中的微量辐射不仅不会危害健康，有时反而对人类有益。如科学研究表明，由于石材的结构致密，对于伽马射线有屏蔽作用。使用放射性比活度较低的天然石材时，可以吸收来自被铺贴的地基、土壤、墙体的伽马射线，还可阻挡其中的氡及其子体向室内扩散。医学用的X射线能够帮助人类诊断疾病，镭针还能治疗恶性肿瘤。浙江泰顺的氡泉，还可以治疗多种皮肤病、慢性病，成为人们疗养的理想之地。

其实对于天然环境中的放射性照射，人类大可坦然接受。需要谨慎对待、远而避之的是人工放射性物质。人工放射性物质（如“放射源”：指用放射性物质制成的能产生辐射照射的物质或实体）发射出来的射线具有一定的能量，其射线可以破坏细胞组织，从而对人体造成伤害。所以一些有良知的科学家都反对将核武器用于战争。

放射性辐射并不是“吃人的老虎”，我们应该正确认识它、面对它，以科学的手段利用它，使之为人类造福。

科学探索丛书

第二章

质能公式与核能

智慧能创造奇迹，科学家用他们的智慧不仅向人们展示了微观的原子世界，更发现了原子核中蕴藏的巨大能量，并将其“量化”，将抽象的能量形象地展现了出来。

将核能“量化”的质能转换公式

引言：

能量等于质量乘以光速的平方，这就是爱因斯坦的质能转换公式。这个简单的方程消除了质量与能量之间的鸿沟，意味着一点点物质就可以转化为巨大的能量，人类又获得了一个改变世界的强有力的手段，其意义可以与火的使用相媲美。

质能转换公式

质能转换公式，就是爱因斯坦在相对论中提出来的：

$E=mc^2$（E表示能量静能，m表示质量，c^2表示光速常量的平方）

1905年，伟大的物理学家爱因斯坦提出一个令人难以置信的理论：物质的质量和能量可以互相转化，即质量可以转化成能量，能量可以转化成质量。他指出，任何具有质量的物体，都贮存着看不见的内能，而且这个由质量贮存起来的能量大到令人难以想象的程度。如果用数学形式表达质量与能量的关系的话，某个物体贮存的能量等于该物体的质量乘以光速的平方。写成公式就是：$E=mc^2$。

爱因斯坦生平

阿尔伯特·爱因斯坦，世界十大杰出物理学家之一，现代物理学的开创者、集大成者和奠基人，同时也是一位著名的思想家和哲学家。

爱因斯坦在1879年3月14日出生于

德国西南的乌耳姆城，一年后随全家迁居慕尼黑。小时候的爱因斯坦并不活泼，三岁多还不会讲话，直到九岁时讲话还不很通畅，所讲的每一句话都必须经过吃力认真的思考。或许这是上帝对爱因斯坦的偏爱，在之后的岁月中，爱因斯坦表现出了明显高于常人的智商，加上自己的勤奋努力和刻苦钻研，他在物理学中取得了非凡的成就。

1905年，爱因斯坦一连发表了《关于光的产生和转变的一个启发性观点》《论运动物体的电动力学》《物质的惯性同他所含有的能量有关吗？》等具有划时代意义的论文，提出了狭义相对论和光量子学说等，开创了物理学的新纪元。

1912年他提出了“光化当量”定律。

1915年11月，提出广义相对论引力方程的完整形式，并且成功地解释了水星近日点运动。1916年3月，完成总结性论文《广义相对论的基础》。5

★ 爱因斯坦的广义相对论打破了“宇宙在空间上是无限的”传统观点，他认为可以把宇宙看作是一个具有有限空间体积的自身闭合的连续区

麦克斯韦理论

英国物理学家、数学家麦克斯韦在稳恒场理论的基础上，提出了涡旋电场和位移电流的概念，这就是麦克斯韦电磁场理论的基本概念：变化的电场和变化的磁场彼此不是孤立的，它们永远密切地联系在一起，相互激发，组成一个统一的电磁场的整体。

麦克斯韦还用一组微分方程来描述电磁场的普遍规律，这组方程以后被称为麦克斯韦方程组。根据麦克斯韦方程组，可以推出电磁场的扰动以波的形式传播，以及电磁波在空气中的速度为每秒31万千米，这与当时已知的空气中的光速每秒31.5万千米在实验误差范围内是一致的。

月提出宇宙空间有限无界的假说。8月完成《关于辐射的量子理论》，总结量子论的发展，提出受激辐射理论。

爱因斯坦在1915年所做的光线经过太阳引力场要弯曲的预言，在1919年由英国天文学家亚瑟·斯坦利·爱丁顿的日全食观测结果所证实。1916年他预言的引力波在1978年也得到了证实。爱因斯坦的相对论被认为是“人类思想中最伟大的成就之一”。

1917年，爱因斯坦用广义相对论的结果来研究宇宙的时空结构，发表了开创性的论文《根据广义相对论对宇宙所做的考察》。论文分析了“宇宙在空间上是无限的”这一传统观念，指出它同牛顿引力理论和广义相对论都是不协调的。他认为，可能的出路是把宇宙看作是一个具有有限空间体积的自身闭合的连续区，以科学论据推论宇宙在空间上是有限无边的，这在人类历史上是一个大胆的创举，使宇宙学摆脱了纯粹猜想的思辨，进入现代科学领域。可以说，爱因斯坦开创了现代宇宙学。

1917年爱因斯坦在《论辐射的量子性》一文中提出了受激辐射理论，成为激光的理论基础。爱因斯坦因在光电效应方面的研究，获得了1921年的诺贝尔物理学奖。

1937年6月，爱因斯坦同英费尔德和霍夫曼合作完成论文《引力方程和运动问题》，从广义相对论的场方程推导出运动方程。进一步揭示了空间、时间、物质、运动之间的统一性，这是广义相对论的重大发展，也是爱因斯坦在科学创造活动中所取得的最后一个重大成果。

1939年他获悉铀核裂变及其链式反应的发现，在匈牙利物理学家利奥·西拉德的推动下，上书罗斯福总统，建议研制原子弹，以防德国占先。第二次世界大战结束前夕，美国在日本广岛和长崎两个城市上空投掷原子弹，爱因斯坦对此强烈不满。战后，为开展反对核战争和反对美国国内右翼极端分子的运动进行了不懈的斗争。

1955年4月，爱因斯坦逝世。

爱因斯坦的成就是举世公认的，法国物理学家朗之万1931年对爱因斯坦有这样的评价："我们这一代的物理学家之中，爱因斯坦的地位将在最前列，他现在是并且将来也是人类宇宙中有头等光辉的一颗巨星，而且他也许更伟大，因为他的科学贡献深入到人类思想基本概念的结构中。"为了纪念这一科学巨人，第58届联合国大会把2005年定为世界物理年，以召唤更多的青年人投身于物理学。

相对论概述

相对论和量子力学是现代物理学的两大基本支柱。

相对论的一个非常重要的推论是质量和能量的关系。爱因斯坦认为光速对于任何人而言都应该显得相同。这意味着，没有东西可以运动得比光还快。当人们用能量对任何物体进行加速时，无论是粒子或者空间飞船，实际上要发生的是它的质量增加，使得对它进一步加速更加困难。要把一个粒子加速到光速要消耗无限大能量，因而是不可能的。正如爱因斯坦的著名公式$E=mc^2$所总结的，质量和能量是等效的。

爱因斯坦的相对论改变了人类的时空观，改变了人类对引力本质、质量和能量等等物理概念的理解。十九世纪末，人们认为物理学的大厦已经建成，剩下的只不过是修缮工作。爱因斯坦则打破了牛顿力学的时空观，向人们展示了新奇的物理世界。

★ 爱因斯坦认为质量和能量是等效的。当人们用能量对任何物体进行加速时，物体质量的增加使得对它进一步加速更加困难。要把一个粒子加速到光速要消耗无限大能量，因而是不可能的

★ 根据牛顿力学的速度加法，不同惯性系的光速不同。如面向人驶来的汽车将发出大于c的光速，即光速=c（真空光速）+汽车的速度。而爱因斯坦则坚持光速不变原理

狭义相对论和质能转换公式

19世纪末期物理学家汤姆逊在一次国际会议上讲到“物理学大厦已经建成，以后的工作仅仅是内部的装修和粉刷”。但是，他话锋一转又说：“大厦上空还漂浮着两朵‘乌云’，麦克尔逊—莫雷试验结果和黑体辐射的紫外灾难。”正是为了解决上述两问题，物理学发生了一场深刻的革命导致了相对论和量子力学的诞生。

按照麦克斯韦理论，真空中电磁波的速度，也就是光的速度是一个恒量；然而按照牛顿力学的速度加法原理，不同惯性系的光速不同。例如，两辆汽车，一辆向你驶近，一辆驶离。你看到前一辆车的灯光向你靠近，后一辆车的灯光远离。根据伽利略理论，向你驶来的车将发出速度大于c（真空光速近似值为3.0×10^8m/s）的光，即前车的光的速度=光速+车速；而驶离车的光速小于c，即后车光的速度=光速-车速。但按照麦克斯韦理论：车的速度有无并不影响光的传播的说法，这两种情况下光的速度应该是相同的，也就是说不管车子怎样，光速等于c。这与伽利略的“速度变换一定会满足速度叠加”的说法明显相悖。我们如何解决这一分歧呢？爱因斯坦成功地解决了这个问题。

爱因斯坦认真研究了麦克斯韦电磁理论，特别是经过赫兹和洛伦兹发展和阐述的电动力学。爱因斯坦坚信电磁理论是完全正确的，但是有一个问题始终让他感到困惑，这就是绝对参照系以太（古希腊哲学家亚里士多德所设想的一种物质，为五元素之一。19世纪的物理学家认为以太是一种曾被假想的电磁波的传播媒质。）的存在。他阅读了许多著作发现，所有试图证明以太存在的试验都是失败的。经过研究爱因斯坦发现，除了作为绝对参照系和电磁场的荷载物外，以太在洛伦兹理论中已经没有实际意义。于是爱因斯坦开始怀疑以太存在的必要性。受牛顿绝对空间概念的影响，当时的物理学家一般都相信以太，也就是相信存在着绝对参照系。正是这一思想上的突破，使爱因斯坦有了新的发现。

爱因斯坦认为时间没有绝对的定义，时间与光信号的速度有一种不可分割的联系。后来，经过五个星期的努力工作，爱因斯坦把狭义相对论呈现在人们面前。

1905年6月30日，德国《物理学年鉴》接受了爱因斯坦的论文《论动体的电动力学》，并于9月份发表。这篇论文是关于狭义相对论的第一篇文章，它包含了狭义相对论的基本思想和基本内容。

狭义相对论所根据的是两条原理：相对性原理和光速不变原理。爱因斯坦解决问题的出发点，是他坚信相对性原理。

关于狭义相对论的基本原理，他写道：“下面的考虑是以相对性原理和光速不变原理为依据的，这两条原理我们规定如下：

广义相对论

广义相对论是爱因斯坦对狭义相对论的进一步完善，自此，相对论形成了完整的体系。

爱因斯坦的广义相对论认为，由于有物质的存在，空间和时间会发生弯曲，而引力场实际上是一个弯曲的时空。爱因斯坦用太阳引力使空间弯曲的理论，很好地解释了水星近日点进动中一直无法解释的43秒。并且运用广义相对论原理，爱因斯坦还预言了引力红移（20世纪20年代，天文学家在天文观测中证实了这一点）；广义相对论还预言了引力场使光线偏转。最靠近地球的大引力场是太阳引力场，爱因斯坦预言，遥远的星光如果掠过太阳表面将会发生1.7秒的偏转。这一预言于1919年，在英国天文学家们的观察研究中得到了证实。广义相对论得到了人们的认可。当时英国著名物理学家、皇家学会会长汤姆逊说：“这是自从牛顿时代以来所取得的关于万有引力理论的最重大的成果……爱因斯坦的相对论是人类思想最伟大的成果之一。”

★ 物体是处在运动还是静止状态，都是相对的，参照物不同则结果不同。相对于树木而言人在运动，但对于火车来讲，车中的人并没有运动

相对性原理

物理体系的状态据以变化的定律，同描述这些状态变化时所参照的坐标系究竟是用两个在互相匀速移动着的坐标系中的哪一个并无关系。

光速不变性原理

任何光线在‘静止的’坐标系中都是以确定的速度c运动着，不管这道光线是由静止的还是运动的物体发射出来的。”

狭义相对论的这两条基本原理似乎是并不难接受的“简单事实”，然而它们的推论却根本地改变了牛顿以来物理学的根基。

爱因斯坦认为牛顿“静者恒静，动者恒动”“绝对的空间，就其本性而言，是与外界任何事物无关永远是相同的和不动的”的观点是不正确的。在他看来，根本不存在绝对静止的空间，同样不存在绝对同一的时间，所有时间和空间都是和运动的物体联系在一起的。对于任何一个参照系和坐标系，都只有属于这个参照系和坐标系的空间和时间。对于一切惯性系，运用该参照系的空间和时间所表达的物理规律，它们的形式都是相同的，这就是相对性原理，严格地说是狭义的相对性原理。在这篇文章中，爱因斯坦提出光速不变是一个大胆的假设，是从电磁理论和相对性原理的要求而提出来的。

爱因斯坦在狭义相对论中充分考虑了相对性的各种情况，他还特别解释了同时性的相对性。什么是同时性的相对性？不同地方的两个事件我们何以知道它是同时发生的呢？一般来说，我们会通过信号来确认。为了得知异地事件的同时性我们就得知道信号的传递速度，但如何测出这一速度呢？我们必须测出两地的空间距离以及信号传递所需的时间，空间距离的测量很简单，麻烦在于测量时间。爱因斯坦引入了光信号，他认为光信号可能是用来对时钟最合适的信号。

但由于光速并不是无限大，这样就会出现一种情况，那就是对于静止的观察者同时发生的两件事，对于运动的观察者就不是同时的。就好比一列高速运行的列车，它的速度接近光速。列车通过站台时，甲站在站台上，有两道闪电在甲眼前闪过，一道在火车前端，一道在后端，并在火车两端及平台的相应部位留下痕迹，通过测量，甲与列车两端的间距相等，得出的结论是，甲是同时看到两道闪电的。因此对甲来说，收到的两个光信号在同一时间间隔内传播同样的距离，并同时到达他所在位置，这两起事件必然在同一时间发生，它们是同时的。但对于在列车内部正中央的乙而言，情况就有所改变。因为乙与高速运行的列车一同运动，因此他会先接收到对面传播来的前端信号，然后从后端传来的光信号。对乙来说，这两起事件是不同时的。根据这个事例，同时性不是绝对的，而取决于观察者的运动状态。这一结论否定了牛顿力学中引以为基础的绝对时间和绝对空间框架。

相对论认为，光速在所有惯性参考系中不变，它是物体运动的最大速度。由于相对论效应，运动物体的长度会变短，运动物体的时间膨胀。但由于日常生活中所遇到的问题，运动速度都是很低的（与光速相比），看不出相对论效应。

爱因斯坦在时空观彻底变革的基础上建立了相对论力学，爱因斯坦认为，物质的质量是惯性的量度，能量是运动的量度；能量与质量并不是彼此孤立的，而是互相联系的。质量会随着速度的增加而增加，当速度接近光速时，质量趋于无穷大。物体质量的改变，也会使能量发生相应的改变。当然物理能量的改变，也会使质

★ 相对论认为，光速在所有惯性参考系中不变，它是物体运动的最大速度

量发生相应的改变。质量和能量可以互相转化。

爱因斯坦还给出了著名的质能关系式：$E=mc^2$（其中E代表完全释放出来的能量，m代表质量，c代表光速），质能关系式对后来发展的原子能事业起到了指导作用，也是宇宙学发展的重要根基。通过质能转换公式说明能量可以用减少质量的方法创造出来，在核反应中消失的质量就按这个公式转化成能量释放出来。按这个公式，1克质量相当于9×10^{13}焦耳的能量。这个质能转化和守恒原理就是利用原子能的理论基础。

质能转换公式在核研究中的重要作用

爱因斯坦的质能关系公式，正确地解释了各种原子核反应：以氦4（He4）为例，它的原子核是由2个质子和2个中子组成的。照理，氦4原子核的质量就等于2个质子和2个中子质量之和。实际上，这样的算术并不成立，氦核的质量比2个质子、2个中子质量之和少了0.0302u（原子质量单位）！这是为什么呢？因为当2个氘核（每个氘核都含有1个质子、1个中子）聚合成1个氦4原子核时，释放出大量的原子能。生成1克氦4原子时，大约放出2.7×10^{12}焦耳的原子能。正因为这样，氦4原子核的质量减少了。

这个例子生动地说明：在2个氘原子核聚合成1个氦4原子核时，似乎质量并不守恒，也就是氦4原子核的质量并不等于2个氘核质量之和。然而，用质能关系公式计算，氦4原子核失去的质量，恰巧等于因反应时释放出原子能而减少的质量！

质能方程告诉我们，质量和能量之间存在着简单的正比关系。在核反应中，释放的能量（核能）与质量亏损成正比。质能转换公式使人们对核能有了“量”的认识。有了这个公式，就有了利用原子能的理论基础。爱因斯坦的质能公式开启了人类利用核能的大门。

理解质能方程应注意的几个误区

爱因斯坦的相对论指出，物体的质量和能量存在着密切联系，即$E=mc^2$，但在利用这个公式时，我们应该避开以下几个误区。

误区一：质量就是能量，质量可以转化为能量。

质量是物质的属性，是物体惯性的量度和物体间万有引力产生的原因；尽管能量也是物质的属性，但一种能量对应着物体的一种运动状态，并且是这种运动的量度。

当发生轻核聚变或重核裂变时，核的总质量会减少（即质量亏损），同时释放一部分核能。这些释放的核能来自核子间的结合能，是物质运动形式转化的体现，而不是由亏损部分的质量转化过来。

所以说质量和能量是两个完全不同的概念，它们表征的对象不同，相互之间也不可能完全转化。

误区二：关系式中的质量亏损表明在核反应时质量不守恒

物质的质量和物体的运动有着密切的联系，若微观粒子的运动速度很大时，其质量m明显会大于静止质量，这个现象在核反应时要加以考虑。所以在发生核反应时，就其静止质量而言是不守恒的；但反应时所释放的核能会使新核及释放的粒子获得很大的动能（即速度明显增大），这样因速度增大而增加的质量与亏损的静止质量相等。可以说正是由于静止质量的亏损，才会在核反应中依然遵循质量守恒定律：质量亏损本质是静止质量的一部分转化为运动质量，是质量守恒定律在核反应中的客观体现。

★ 原子包括原子核与核外电子。当发生轻核聚变或重核裂变时，核的总质量会减少，同时释放一部分核能。这部分核能来自核子间的结合力，并不是由亏损部分转化而来。图为原子模型

原子核模型的提出与人工核反应的实现

引言：

欧内斯特·卢瑟福被公认为是二十世纪最伟大的实验物理学家，在放射性和原子结构等方面，都做出了重大的贡献。

卢瑟福生平

卢瑟福1871年出生于新西兰纳尔逊的一个普通工人家庭。他从小就聪明好学，长大后进入新西兰的坎特伯雷学院学习。23岁时获得了三个学位（文学学士、文学硕士、理学学士）。

1895年在新西兰大学毕业后，获得英国剑桥大学的奖学金进入卡文迪许实验室，成为汤姆逊的研究生。在这里的学习过程中，他提出了原子结构的行星模型，为原子结构的研究做出很大的贡献。

1898年，在汤姆逊推荐下，担任加拿大麦吉尔大学的物理教授。在1907年返回英国出任曼彻斯特大学的物理系主任。1919年他接替了退休的汤姆逊，担任卡文迪许实验室主任。

1925年当选为英国皇家学会主席。1937年10月19日因病在剑桥逝世，终年66岁。死后与牛顿和法拉第并排安葬。

卢瑟福被公认为是二十世纪最伟大的实验物理学家，在放射性和原子结构等方面，他做出了十分重大的贡献。

1. 他关于放射性的研究确立了放射性是发自原子内部的变化。放射性能使一种原子改变成另一种原子，而这是一般物理和化学变化所达不到的。

这一发现打破了元素不会变化的传统观念，使人们对物质结构的研究进入到原子内部这一新的层次，为开辟一个新的科学领域——原子物理学，做了开创性的工作。

2. 1911年，卢瑟福根据α粒子散射实验现象提出原子核式结构模型。该实验被评为“物理最美实验”之一。

3. 在1919年，卢瑟福做了用α粒子轰击氮核的实验。他从氮核中打出的一种粒子，并测定了它的电荷与质量，这就是卢瑟福发现的质子。

4. 他通过α粒子为物质所散射的研究，论证了原子的核模型，将原子结构的研究引上了正确的轨道。

5. 人工核反应的实现。自从元素的放射性衰变被证实以后，人们一直

试图用各种手段，如用电弧放电，来实现元素的人工衰变。卢瑟福率先找到了实现这种衰变的正确途径。这种用粒子或γ射线轰击原子核来引起核反应的方法，很快就成为人们研究原子核和应用核技术的重要手段。在卢瑟福的晚年，他已能在实验室中用人工加速的粒子来引起核反应。

卢瑟福因其在核研究中的重大贡献，被称为近代原子核物理学之父。

说到卢瑟福的贡献不得不说他对人才的培养。在他的悉心培养下，他的学生和助手有多人获得了诺贝尔奖，对物理学的发展起到了很大的推动作用。

1921年，卢瑟福的助手索迪获诺贝尔化学奖；

1922年，卢瑟福的学生阿斯顿获诺贝尔化学奖；

1922年，卢瑟福的学生玻尔获诺贝尔物理学奖；

1927年，卢瑟福的助手威尔逊获诺贝尔物理学奖；

1935年，卢瑟福的学生查德威克获诺贝尔物理学奖；

1948年，卢瑟福的助手布莱克特获诺贝尔物理学奖；

1951年，卢瑟福的学生科克拉夫特

★ 剑桥大学是诞生最多诺贝尔奖得主的高等学府，88名诺贝尔奖获得者曾经在此执教或学习，70多人是剑桥大学的学生。卢瑟福不仅是诺贝尔奖获得者，他还在这里执教，并培养出了多个获得诺贝尔奖的科学家

英国皇家学会

英国皇家学会是英国最具名望的科学学术机构，成立于1660年。并于1662年、1663年、1669年领到皇家的各种特许证。英女皇是学会的保护人。全称“伦敦皇家自然知识促进学会”。

学会宗旨是促进自然科学的发展。它是世界上历史最长而又从未中断过的科学学会。它在英国起着全国科学院的作用。

英国皇家学会是一个独立的、自治的社团，在制定自己的章程、任命自己的会员时，无需取得任何形式的政府批准，但它与政府的关系是密切的，政府为学会经营的科学事业提供财政资助。学会没有设立自己的科研实体，它的科学研究、咨询等职能主要通过指定研究项目、资助研究、制订研究计划、通过会员与工业界联系及开展研讨会等实现。

和瓦耳顿，共同获得诺贝尔物理学奖；

1978年，卢瑟福的学生卡皮茨获诺贝尔物理学奖。

卢瑟福的原子模型构想

原子中除电子外还有什么东西？电子在原子中是如何分布的？带负电的电子和带正电的东西是如何相互作用的？很多新问题摆在物理学家面前。根据科学实践和当时的实验观测结果，物理学家们发挥了他们丰富的想象力，提出了各种不同的原子模型。

1、行星结构原子模型

法国物理学家佩兰在1901年提出了原子的行星结构模型。他的理论主要有以下两点：

(1)原子的中心是一些带正电的粒子，外围是像行星一样绕转着的电子。

(2)电子绕转的周期对应于原子发射的光谱线频率。最外层的电子抛出就发射阴极射线。

2、道尔顿实心硬球模型

英国自然科学家约翰·道尔顿提出了世界上第一个原子的理论模型。他认为原子是一个坚硬的实心小球。他的理论主要有以下三点：

(1)原子都是不能再分的粒子；

(2)同种元素的原子的各种性质和质量都相同；

(3)原子是微小的实心球体。

虽然，经过后人证实，这是一个失败的理论模型，但道尔顿第一次将原子从哲学带入化学研究中，明确了今后科学家们努力的方向。

3、汤姆逊葡萄干蛋糕模型

汤姆逊认为原子是一个带正电荷的球，电子分布在球体中很有点像葡萄干点缀在一块蛋糕里，很多人把汤姆逊的原子模型称为“葡萄干蛋糕模型”。

他的理论主要有以下两点：

(1)电子是平均地分布在整个原子上的，就如同散布在一个均匀的正电荷的海洋之中，它们的负电荷与那些正电荷相互抵消。

(2)在受到激发时，电子会离开原子，产生阴极射线。

汤姆逊的这一构想，被他的学生卢瑟福完成的α粒子轰击金箔实验（散射实验）否定了。

卢瑟福的构想

1895年，卢瑟福来到英国卡文迪许实验室，跟随汤姆逊学习，成为汤姆逊第一位来自海外的研究生。卢瑟福好学勤奋，在汤姆逊的指导下，卢瑟福在物理学上取得了令人瞩目的成绩。在外任教9年之后，卢瑟福再次回到了卡文迪许实验室，1909年至1911年，卢瑟福和他的合作者们做了轰击金箔的实验。

在一个小铅盒里放有少量的放射性元素钋，它发出的α粒子从铅盒的小孔射出，形成很细的一束射线射到金箔上。α粒子穿过金箔后，打到荧光屏上产生一个个的闪光，这些闪光可以用显微镜观察到。整个装置放在一个抽成真空的容器里，荧光屏和显微镜能够围绕

★ 科学研究总是在修正中不断前行。卢瑟福对原子模型的构想在前人基础上更进一步，也为后人的完善指明了正确的方向。图为比利时布鲁塞尔的原子塔。原子塔是将金属铁原子的模型放大了1650亿倍。它的9颗圆球代表9粒铁原子，也象征比利时9省

★ *卢瑟福的老师汤姆逊提出了原子的葡萄干蛋糕模型，他认为原子是一个带正电荷的球，电子分布在球体中就像葡萄干点缀在蛋糕里*

金箔在一个圆周上转动。

根据汤姆逊的葡萄干蛋糕模型，质量微小的电子分布在均匀的带正电的物质中，而α粒子是失去两个电子的氦原子，它的质量要比电子大几千倍。当这样一颗重型炮弹轰击原子时，小小的电子是抵挡不住的。而金原子中的正物质均匀分布在整个原子体积中，也不可能抵挡住α粒子的轰击。也就是说，α粒子将很容易地穿过金箔，即使受到一点阻挡的话，也仅仅是α粒子穿过金箔后稍微改变一下前进的方向而已。这类实验，卢瑟福和盖革已经做过多次，他们的观测结果和汤姆逊的葡萄干蛋糕模型符合得很好。α粒子受金原子的影响稍微改变了方向，它的散射角度极小。

然而卢瑟福的两个学生在做这个实验时却得到了出乎意料的结果。绝大多数α粒子穿过金箔后仍沿原来的方向前进，少数粒子却发生了较大的偏转，并且有极少数粒子偏转角超过了90度，有的甚至被弹回，偏转角几乎达到180度。这种现象叫作α粒子的散射。实验中产生的粒子大角度散射现象，使卢瑟福和他的学生、助手们感到惊奇，因为这需要有很强的相互作用力，除非原子的大部分质量和电荷集中到一个很小的核上，否则大角

度的散射是不可能的。

在卢瑟福晚年的一次演讲中曾描述过当时的情景，他说："这是我一生中最不可思议的事件。这就像你对着卷烟纸射出一颗15英寸的炮弹，却被反射回来的炮弹击中一样地不可思议。经过思考之后，我认识到这种反向散射只能是单次碰撞的结果。经过计算我看到，如果不考虑原子质量绝大部分都集中在一个很小的核中，那是不可能得到这个数量级的。"

卢瑟福所说的"经过思考以后"，不是思考一天、二天，而是思考了一两年的时间。在做了大量的实验、理论计算并经过深思熟虑后，他才大胆地提出了有核原子模型，推翻了他的老师汤姆逊的实心带电球原子模型。

卢瑟福检验了在他学生的实验中反射回来的确是α粒子后，又仔细地测量了反射回来的α粒子的总数。测量表明，在他们的实验条件下，每入射约八千个α粒子就有一个α粒子被反射回来。用汤姆逊的实心带电球原子模型和带电粒子的散射理论只能解释α粒子的小角散射，但对大角度散射无法解释。多次散射可以得到大角度的散射，但计算结果表明，多次散射的几率极其微小，和上述八千个α粒子就有一个反射回来的观察结果相差太远。这是汤姆逊原子模型不能解释的。

经过仔细的计算和比较，卢瑟福发现只有假设正电荷都集中在一个很小的区域内，α粒子穿过单个原子时，才有可能发生大角度的散射。也

十大最美物理实验

罗伯特·克瑞丝是美国纽约大学石溪分校哲学系的教员，布鲁克海文国家实验室的历史学家，他曾经在美国的物理学家中做了一次调查，要求他们提名历史上最美丽的科学实验。经过投票，从中选出了十大实验。后来这一结果刊登在了《物理学世界》上。这十大最美物理实验按照时间顺序排列为：

1. 埃拉托色尼测量地球圆周；
2. 伽利略的自由落体试验；
3. 伽利略的加速度试验；
4. 牛顿的棱镜分解太阳光；
5. 卡文迪许扭矩试验；
6. 托马斯·杨的光干涉试验；
7. 让·傅科钟摆试验；
8. 罗伯特·密立根的油滴试验；
9. 卢瑟福发现核子；
10. 托马斯·杨的双缝演示应用于电子干涉试验。

这些实验几乎都是由一个人独立完成，或者最多有一两个助手协助。实验中没有用到什么大型计算工具，最多不过是把直尺或者计算器。这些实验用最简单的仪器和设备，发现了最根本、最单纯的科学概念，就像是一座座历史丰碑一样，开辟了人类对自然界的崭新认识。

★ 视角不同，观察结果就不一样，在普通人看来大海是美景，蕴藏着丰富的渔、矿资源；而科学家能深入到海水的组成，挖掘物质的微观世界，并发现其中蕴藏的巨大能量

就是说，原子的正电荷必须集中在原子中心的一个很小的核内。在这个假设的基础上，卢瑟福又经过进一步的计算和实验，大胆地提出了新的原子模型。

卢瑟福在1911年提出了如下的原子核式结构学说：在原子的中心有一个很小的核，叫作原子核，核的直径在10^{-12}厘米左右，原子的全部正电荷和几乎全部质量都集中在原子核里，带负电的电子在核外空间里绕着核旋转。原子核所带的单位正电荷数等于核外的电子数，所以整个原子是中性的。电子绕核旋转所需的向心力就是核对它的库仑引力。

他利用这个原子模型解释了α粒子的大角度散射。他认为原子中带正电的物质集中在一个很小的核心上，而且原子质量的绝大部分也集中在这个很小的核心上。当α粒子正对着原子核心射来时，就有可能被反弹回去。之后卢瑟福发表了一篇著名的论文《物质对α和β粒子的散射及原理结构》。

卢瑟福的原子结构模型提示了原子核这一物质更深层次的存在，将原子结构的研究引上了正确的轨道。他和他直接或间接指导过的许多世界各地的物理学家形成了一个大的学派，一切从实际出发，开始了几十年原子核物理研究，也开启了核技术应用的兴旺发达局面。他是原子核物理的开拓者，也是探索原子核奥秘的带头人。

实现人工核反应

人工核反应的实现，是卢瑟福继原子模型之后在原子核物理中的又一巨大贡献。

1914年，卢瑟福的学生马斯登在用闪烁镜观测α射线在空气中的射程时，注意到出现了一些射程特别长的粒子。根据当时已经普遍被人们接受的α粒子在空气中的射程大约为7厘米的观点，马斯登得到的实验结果却是长达40厘米。这个结果是错误的吗？马斯登经过反复检验，证实实验没有错误。

对此，马斯登解释是由于空气中的氢离子（即质子）受到α粒子撞击所致，氢比氦轻4倍，所以碰撞后氢的速度要比原来α粒子的速度大得多。

不久，马斯登因工作调动离开曼彻斯特，就没有继续这项工作。但是卢瑟福对于这一现象没有轻易地下定论，他开始亲自进行实验。由于当时正值第一次世界大战期间，他虽忙于军事任务，却抽空做了大量实验。他在1917年底给玻尔的信中写道："我已经得到了一些终将证实为具有巨大重要性的结果……我试图用这种方法把原子击破。"卢瑟福在助手的协助下，前后做了3年左右的实验。

1919年，卢瑟福用氮气作为α粒子的轰击靶核，结果看到了从荧光屏上所产生的明亮闪光。看到闪光卢瑟福激动万分，因为这种闪光是来之不

易的。由于原子核实在太小了，其直径约为十亿分之一厘米，所以α粒子束中的绝大多数注定是要打空的。卢瑟福的计算表明，每30万个α粒子中只有一个能侥幸击中氮原子核。

对于闪光的产生，卢瑟福认为这绝不可能是α粒子引起的。因为根据α粒子的最大能量7.7兆电子伏，在氮气中的射程不能大于28厘米。这样，只要在实验中把α源和荧光屏之间的距离固定在28厘米处，α粒子就不能透过银箔到达荧光屏上了。当然，闪光也不可能是因α粒子激发原子后放出的特征x射线所造成。而唯一的可能就是由于α粒子直接和氮核相互作用产生了某种新粒子而导致的。

接着，卢瑟福又在抽空的容器中充以氢气进行实验。结果在α粒子轰击下，也能获得与轰击氮核时一样的闪光。这是因为α粒子与氢核相互作用时，把能量传递给它。只要能量足够大，获得能量的氢核就可穿透银箔在荧光屏上产生闪光。而原来α粒子轰击氮核时，在碰撞过程中产生了一种类似于氢核的新粒子，而且新粒子的能量也很大，在氮气中的射程大于28厘米（如在空气中则为40厘米），故能容易地穿过银箔在荧光屏上产生和氢核相同的闪光。卢瑟福称这种新粒子为质子。

★ 卢瑟福是原子核物理的开拓者，原子核奥秘的带头人。现在谋求加速和扩大原子能对全世界和平、健康及繁荣的贡献的带头者是国际原子能机构。图为国际原子能机构旗帜

★ 人工核反应的实现，是卢瑟福在曼彻斯特大学任教时期的发现。图为曼彻斯特风光

接着，卢瑟福为了最后肯定引起闪光的是质子，而且它只能从氮原子核里产生出来的结论，又把氮气经过多次净化后再行测量。结果发现这种闪光确实仍然存在，而且强度也未见减弱。这就充分说明闪光不可能是由于在氮气中偶然含有氢或容器被氢污染所引起，而完全是由于α粒子和氮核相互作用的结果。

也就是说氮核被α粒子轰击后，能够生成氧的同位素氧17和质子。这是人类有史以来第一次人工核反应。从此，人们不但知道在原子核中的确存在着同氢核一样的粒子——质子，而且通过核反应，人们也能够把一种元素转变成另外一种新元素。

对于科学的热爱，使卢瑟福并不满足于现有的发现。为了想知道是否会有更多的元素在α粒子轰击下也能产生出质子和新的原子核。他曾借助上面的实验装置，继续用α粒子去轰击硼、氟、铀、铝和磷等元素，并仔细地观测了它们的核反应过程。到1924年为止，卢瑟福发现除了上述提及的元素外，还有氖、镁、硅、硫和氯等元素经过核反应都能发射质子。并总结归纳成以下几点：

(1)原子核结构十分复杂，它们中的某些核具有俘获α粒子的本领，通过核反应从核中发射出质子，从而形成另外一种新元素。

(2)产生核反应要有一定条件，即要求入射粒子具有一定的能量，一般为几兆电子伏才能克服与靶核产生的静电斥力，进入核内产生反应。当然，其命中率不高，需要大量入射粒子，才偶尔可得一、二次核反应。

(3)各种元素的核结合的松紧程度是不同的。如铝核就结合得很松，而氮核就结合得比较紧。

这里还需要说明的是核反应与一般的化学反应有所不同。在卢瑟福实现人工核反应的实验中，氮核被α粒子轰击后，生成了氧的同位素氧17和质子，这就出现了质的变化。这是原

子核间质点的转移，而导致的一种原子转化为另外一种原子，使原子发生了质变。而化学反应只是原子或离子的重新排列组合，而原子核不变。因此，在化学反应里一种原子不能变成另一种原子。

另外，核反应的能量效应要比化学反应大得多，核反应能常以兆电子伏计量，而化学反应能一般只有几个电子伏。还有，核反应不是通过一般化学方法所能实现的，而是用到很多近代物理学的实验技术和理论。首先要用人工方法产生高能量的核“炮弹”，如氦原子核、氢原子核、氘原子核等，利用这些“炮弹”猛烈撞击别的原子核，从而引起核反应。

卢瑟福人工核反应的实现再次向人类提示了原子核这一物质更深层次的存在，同时也第一次实现了人工转化元素，把一种元素利用人工的方法转化为另一种元素。新的实验技术开始了人工控制原子核变化的新纪元，为认识和实现元素嬗变、探索原子核奥秘提供了强有力的手段。

★ 核反应与一般的化学反应有所不同，它的能量效应要比化学反应大得多

开启核能的钥匙——中子

引言：

中子是组成原子核构成化学元素不可缺少的成分，虽然原子的化学性质是由核内的质子数目确定的，但是如果没有中子，由于带正电荷质子间的排斥力，就不可能构成除氢之外的其他元素。

中子

中子是组成原子核的核子之一。绝大多数的原子核都由中子和质子组成（仅有一种氢原子的同位素例外，它由一个质子构成）。以往曾经将中子列为基本粒子的一员。但现今在标准模型理论下，因为中子是由夸克组成，所以它是个复合粒子。

中子表现为电中性，其质量为 1.6749286×10^{-27}千克（939.56563兆电子伏特），比质子的质量稍大。

在原子核外，自由中子性质不稳定，半衰期为15分钟。中子衰变时释放一个电子和一个反中微子而成为质子（β衰变）。同样的衰变过程在一些原子核中也存在。原子核中的中子和质子可以通过吸收和释放π介子（在粒子物理学中，π介子是最重要的介子之一，在揭示强核力的低能量特性中起着重要的作用）互相转换。

太阳系里的中子主要存在于各种原子核中，元素的β衰变（指放射性元素放射出粒子而转变为另一种元素的过程，如镭放出α粒子后变成氡）就是该元素中的中子释放一个电子变成上一个元素序列元素的一种变化。

中子可根据其速度而被分类。高能（高速）中子具电离能力，能深入

夸克

20世纪60年代，美国物理学家默里·盖尔曼和G.茨威格各自独立提出了中子、质子这一类强子是由更基本的单元——夸克（quark）组成的。夸克一词是盖尔曼取自詹姆斯·乔埃斯的小说《芬尼根彻夜祭》的词句“向麦克老大三呼夸克”。

他们认为所有的中子都是由三个夸克组成的，比如质子，中子。质子由两个上夸克和一个下夸克组成，中子是由两个下夸克和一个上夸克组成。

穿透物质。中子是唯一一种能使其他物质具有放射性之电离辐射的物质。此过程被称为“中子激发”。“中子激发”被医疗界、学术界及工业广泛应用于生产放射性物质。

在研究核反应中，中子是很好的轰击粒子，由于它不带电，即使能量很低，也能引起核反应。电中性的中子不能产生直接的电离作用，无法直接探测，只能通过它与核反应的次级效应来探测。

根据微观粒子的波粒二象性，中子具有波动性，慢中子的波长约10^{-10}米，与晶体内原子间距相当。中子衍射是研究晶体结构的重要技术。中子是不带电的基本粒子，静止质量为1.6748×10^{-27}k，它的半径约为0.8×10^{-15}m，与质子大小类似。中子常用符号n表示。

查德威克

詹姆斯·查德威克，英国实验物理学家，1891年出生，毕业于于曼彻斯特大学物理学院。少年时期的查德威克并未显现出过人天赋。他在中学时代沉默寡言，成绩平平，但坚持自己的信条：会做则必须做对，一丝不苟；不会做又没弄懂，绝不下笔。因此他有时不能按期完成物理作业。而正是他这种不

★ 中子星的命名就来源于中子的发现。查德威克发现中子不久，有物理学家就提出了可能有由中子组成的致密星，后来有科学家提出了中子星的概念。1967年，天文学家首次观测到了宇宙中的中子星

中子星

中子星，又名波霎，是恒星演化到末期，经由重力崩溃发生超新星爆炸之后，可能成为的少数终点之一。简单来说，就是质量没有达到可以形成黑洞的恒星在寿命终结时塌缩形成的一种介于恒星和黑洞的星体。中子星之名就来源于中子的发现。

1932年查德威克发现中子后不久，苏联著名物理学家朗道就提出可能有由中子组成的致密星。1934年巴德和兹威基也分别提出了中子星的概念，而且指出中子星可能产生于超新星的爆发。1939年奥本海默和沃尔科夫通过计算建立了第一个中子星的模型。此后，中子星作为假说被提了出来（1967年，天文学家首次观测到了中子星）。

骛虚荣、实事求是的精神，使他在科学研究事业中受益一生。

1911年以优异成绩毕业于曼彻斯特大学物理学院。大学时期，由于基础知识扎实且在物理研究方面绽露了超群才华，他被著名科学家卢瑟福看中，毕业后留在曼彻斯特大学物理实验室，在卢瑟福指导下从事放射性研究。

1911年～1913年在卢瑟福指导下在该大学从事放射性研究并获理学硕士学位。

1923年，他因原子核带电量的测量和研究取得出色成果，被提升为剑桥大学卡文迪许实验室主任助理，与主任卢瑟福共同从事粒子研究至1935年。在这段时间里与卢瑟福合作，于1932年发现了中子。

1935～1948任利物浦大学教授，1935年获诺贝尔物理学奖。

1939～1943年参加英国及美国曼哈顿工程的原子弹研究，获得多种荣誉。

1935年获诺贝尔物理学奖。

1974年7月24日去世。

发现过程

中子的概念是由卢瑟福提出的，中子的存在是1932年查德威克在用α粒子轰击的实验中证实的。

发现了电子和质子之后，人们一开始猜测原子核由电子和质子组成，因为α粒子和β粒子都是从原子核里放射出来的。但卢瑟福的学生莫塞莱注意到，原子核所带正电数与原子序数相等，但原子量却比原子序数大，这说明，如果原子核光由质子和电子组成，它的质量是不够的，因为电子的质量可忽略不计。也就是说，原子核除去含有带正电荷的质子外，还应该含有其他的粒子。那么，那种“其他的粒子”是什么呢？对于这个问题，卢瑟福早在1920年就猜测可能还有一种电中性的粒子。

1919年卢瑟福通过用α粒子轰击氮原子放出氢核，而发现了质子。

1920年他在一次演说中谈到，既然原子中存在带负电的电子和带正电的质子，为什么不能存在不带电的“中子”呢？他当时设想的中子是电子与质子的结合物。

当时在卡文迪许实验室工作的查德威克开始寻找这种电中性粒子，他一直在设计一种加速方法使质子获得高能，从而撞击原子核，以发现有关中性粒子的证据。1929年，他准备对铍原子进行轰击。

与此同时，德国物理学家博特及其学生贝克尔已经先行一步。他们用刚发明不久的盖革缪勒计数器，发现金属铍在α粒子轰击下，产生一种贯穿性很强的辐射，当时称之为玻辐射，他们认为这是一种高能量的硬γ射线。

1931年，法国物理学家约里奥·居里夫妇——居里夫人的女儿和女婿用当时最强大的放射性钋源所产生的α射线重复了博特-贝克尔的实验，他们惊奇地发现，这种硬γ射线的能量大大超过了天然放射性物质发射的γ射线的能量。同时他们还发现，用这种射线去轰击石蜡，竟能从石蜡中打出质子来。约里奥·居里夫

★ 科学家们不仅知道微观粒子的特性，还能采取多种方法改变原子的结构。肉眼看不到的微观粒子在他们的头脑中有着形象的构造。图为分子模型

妇把这种现象解释为一种康普顿效应。但是打出的质子能量高达5.7MeV（Mev为兆电子伏特），按照康普顿公式，入射的γ射线能量至少应为50MeV，这在理论上是解释不通的。人们从未发现γ射线具有这种性质，居里夫妇想不出这种辐射还能是什么别的东西。他们仅仅报道说，发现α射线能够产生一种新的作用。

1932年这些结果公布后，见到德国和法国同行的实验结果，查德威克意识到，这种射线很可能就是由中性粒子组成的，这种中性粒子就是解开原子核正电荷与它质量不相等之谜的钥匙！

查德威克将这一情况报告了卢瑟福，卢瑟福听后不同意约里奥·居里夫妇的解释，认同了查德威克的想法。查德威克很快重做了上面的实验。他用α粒子轰击铍，再用铍产生的射线轰击氢、氮，结果打出了氢核和氮核。由此，他断定这种射线不可能是γ射线。因为γ射线不具备将从原子中打出质子所需要的动量。他认为，只有假定从铍中放出的射线是一种质量跟质子差不多的中性粒子才能解释。

他用仪器测量了被打出的氢核和氮核的速度，并由此推算出了这种新粒子的质量。查德威克还用别的物质进行实验，得出的结果都是这种未知粒子的质量与氢核的质量差不多。不到一个月，查德威克就发表了《中子可能存在》的论文，他指出，γ射线没有质量，根本不可能将质子从原子核撞出来，只有那些与质子质量大体相当的粒子才有这种可能，他还测量了这种粒子的质量，确证了这种粒子是电中性的，这与他的老师卢瑟福所预言的中子是相同的。查德威克找到了12年前他的老师预言的中子，为此他获得了1935年的诺贝尔物理学奖。

多年以后，博特为自己发现了“铍辐射”却没有认识到它就是中子而深感遗憾。约里奥·居里夫妇也表示，如果当年去听了卢瑟福的演讲，就不会失去这次重大发现的良机，因为卢瑟福就是在那场演讲中谈到自己对中子存在的猜想。由于没有做出正

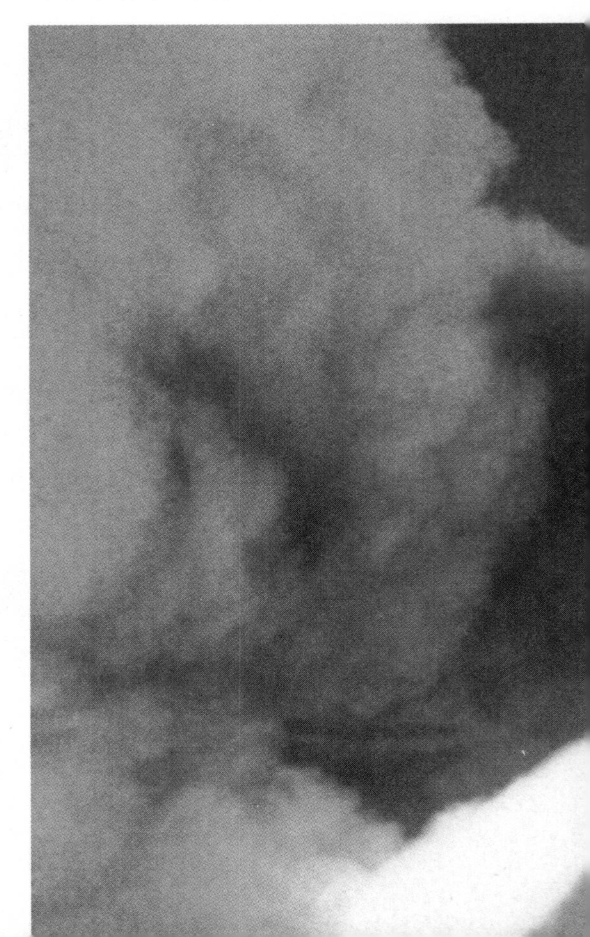

确的解释，他们也错过了发现中子的机会。

发现意义

中子发现后，人们认识到各种原子都是由电子、质子和中子组成，于是把这3种粒子和光子称为基本粒子。1932年，海森伯和伊凡宁柯各自独立地提出了原子核是由质子和中子组成的核结构模型。虽然后来人们又发现了更多的基本粒子，对原子的结构模型进行了完善，但这在当时是人类对原子认识的一个重大进步。

中子的发现为核物理学开辟了一个新的纪元，它不仅使人们对原子核的组成有了一个正确的认识，而且为人工变革原子核提供了有效手段。

由于中子不带电荷，不受静电作用的影响，可以比较自由地接近以至进入原子核，容易引起核的变化，后来的物理学家们就是用中子做“炮弹”轰击铀原子核，发现了核裂变和裂变中的链式反应，开创了人类利用原子能的新时代。

★ 中子不带电荷，不受静电作用的影响，可以比较自由地接近以至进入原子核，被物理学家们用来轰击铀原子核。它就好像“炮弹”一样，在轰击铀原子核中使人类发现了核裂变和裂变中的链式反应

发现原子核裂变

引言：

原子核在发生核裂变时，释放出巨大的能量称为原子核能，俗称原子能、核能。

按分裂的方式，裂变可分为自发裂变和感生裂变。自发裂变是没有外部作用时的裂变，类似于放射性衰变，是重核不稳定性的一种表现；感生裂变是在外来粒子（最常见的是中子）轰击下产生的裂变。

奥托·哈恩

奥托·哈恩，德国放射化学家和物理学家。1879年3月8日生于法兰克福。

1897年入马尔堡大学，1901年获博士学位。

1904～1905年，曾先后在W.拉姆塞和E.卢瑟福指导下进修。在拉姆赛的劝导下，他放弃了进入化学工业界的念头，投身放射化学这一新的领域。

1905年哈恩专程前往加拿大蒙特利尔的麦吉尔大学，向当时公认的镭的研究权威卢瑟福教授求教，并且得以与鲍尔伍德等著名放射化学家一起讨论问题。在卢瑟福这位大师身边，哈恩学到了许多东西。卢瑟福对科学研究的热忱和充沛的精力，激励了哈恩和他的同事们。

1938年哈恩和弗里茨·斯特拉斯曼一起发现核裂变现象，揭示了利用核能的可能性。

1944年的诺贝尔化学奖授予哈恩，授奖理由是他“发现了重核裂变反应”。

发现核裂变时正值二战时期，哈恩不愿让纳粹政权掌握原子能技术，拒绝参与任何研究。1945年春他和海森堡等几位原子科学家被送往英国拘禁。

快中子、慢中子

能量低于某一特定值的中子称为慢中子。该值的选择取决于具体应用场合。在中子物理及核技术应用中，能量约为1keV（1千电子伏特）的中子称为慢中子。

快中子是核反应中，未经过慢化剂慢化的中子，其能量大于0.1MeV。因为裂变核放出的中子比原子核可以吸收的中子快，为保证核反应进行，需要用轻核元素慢化中子。

1946年初获释回德国后，担任威廉皇帝协会（1948年改名为马克斯·普朗克协会）会长，1960年后任荣誉会长。

1968年7月28日病逝于哥廷根。

哈恩是一名出色的科学家，他的一生有很多科学发现，除了发现原子核裂变之外，他还发现了很多化学元素。

哈恩1904年从镭盐中分离出一种新的放射性物质射钍（228Th）。以后又发现射锕（227Th）、新钍1（228Ra）、新钍2（228Ac）、铀Z（234Pa）、镤（231Pa）和一些被称为放射性淀质的核素，为阐明天然放射系各核素间的关系起了重要作用。

放射化学中常用的反冲分离法和研究固态物质结构的射气法都是哈恩提出的。他还在同晶共沉淀方面提出了哈恩定律。1921年他还发现了天然放射性元素的同质异能现象。

丽丝·迈特纳

1906年哈恩返回柏林后，在恺撒·威廉化学研究所任化学教授。1907年秋天，他遇到了来柏林进行短暂访问的奥地利女物理学家丽丝·迈特纳，从此两人开始了长达30年卓有成效的合作，共同发表了多篇有关放射化学方面的论文，在科学史上开创了由两个不同国籍、不同学科特长和不同性别的科学

★ 哈恩曾在加拿大蒙特利尔的麦吉尔大学向卢瑟福求教，并在那里结识了几位世界著名放射化学家。图为蒙特利尔风光

家长期合作、共同发展的范例。

奥地利裔瑞典科学家丽丝·迈特纳，2010年新诺贝尔化学奖获得者，她是核物理研究的开拓者，也是核裂变的发现者之一。

迈特纳1878年11月7日生于维也纳，1968年10月27日卒于剑桥。

她1906年获维也纳大学物理学博士学位。她是维也纳大学授予物理学博士学位的第二个女性。

在大学里，她遇到了当时世界上最著名的理论物理学家之一玻尔兹曼。受他的影响，迈特纳把当物理学家作为今后的人生志向。1907年，她从奥地利到柏林，真正开始了自己的科学人生。

1907年，迈特纳到了柏林大学随普朗克进修理论物理，并和奥托·哈恩合作研究放射性，直到1938年受纳粹迫害移居瑞典。

1926年柏林大学聘她为特邀教授。她在此任教，直到1960年退休到英国。

1938年，哈恩和F.斯特拉斯曼发现铀经中子轰击后出现钡，迈特纳和她的外甥O.R.弗里胥于1939年提出核裂变概念，以解释哈恩和斯特拉斯曼的实验结果。

迈特纳的主要贡献大多是同哈恩合作完成的，如发现了镤并为之命名，研究了核同质异能现象和β衰变等。可以说在核裂变的发现中她起到了极为重要的作用。但1944年，因为重核裂变反应的发现，哈恩获得了诺贝尔化学奖，迈特纳却成为一个被遗漏者。但学术圈的人都知道迈特纳在物理学和化学中的巨大贡献，爱因斯坦甚至称她为“德国的居里夫人”。

1968年迈特纳于剑桥去世。

2010年，改革后的新诺贝尔奖将诺贝尔化学奖授予了已经去世几十年的迈特纳，迈特纳得到了她应得的荣誉。

发现过程

20世纪30年代以后，随着正电

子、中子、重氢的发现，使放射化学迅速推进到一个新的阶段。科学家纷纷致力于研究如何使用人工方法来实现核嬗变。

1937年，伊雷娜·居里和她的助手沙维奇在用中子辐照铀盐时，发现了一个新现象，分离出来一种半衰期为3.5小时的成分，其化学性质很像镧。镧是稀土族元素中的第一名，原子序数为57。与它化学性质相近的重元素是锕（89Ac）。他们初步判断，3.5小时的放射性应属于锕。可是后来的实验结果出乎他们的预料：经过结晶分离，分离出了锕，出乎他们意料，3.5小时的放射性不在锕中，镧的放射性倒是加强了。他们没能想明白事情的原因，其实这已经接近解决问题的边缘了，他们最终没有迈出关键的一步，而只是将实验结果做了客观报道，并且加了倾向性的猜测，“用快中子或慢中子辐照的铀中，产生了一种放射性元素，半衰期为3.5小时，其化学特性很像镧。……它或许也是

★ 曾有许多世界顶尖科学家在剑桥学习、执教，迈特纳就是在剑桥安度了自己的晚年。图为剑桥大学城

新诺贝尔奖

所谓“新诺贝尔奖”是相对于“老诺贝尔奖”而言的。“老诺贝尔奖”是指由瑞典发明家阿尔弗雷德·诺贝尔先生设立的奖项，经过一百多年的运作，尤其是它的早期的一些获奖者（如伦琴、居里夫人、爱因斯坦、海森堡）在科学界的崇高地位，使“老诺贝尔奖”（简称“老诺”）逐渐在世人心中树立了权威。随着时代的进步，已经持续一百多年的老诺贝尔奖已经无法适应现代科学的发展，世界各国科学家要求改革诺贝尔奖评审制度的呼声越来越高。

“新诺贝尔奖”由诺贝尔科学网站设立，网站邀请各界精英人士组成“新诺贝尔奖评审委员会”，制定新的评审规则，以弥补“老诺贝尔奖”的种种缺憾。每年10月上旬公布获奖名单，12月10日颁奖，颁发奖章和获奖证书。“新诺贝尔奖”还具有追授功能，专门追授给那些具有获奖的实力却因各种人为因素而未获奖的杰出人物。

一种超铀物质。但是我们暂时未能确定它的原子序数。”

后来查明，在铀裂变产生的裂片中还有一种元素，叫钇，其半衰期也正好是3.5小时，居里小组没有能够完全把3.5小时的放射性提炼出来，所以无法做出准确的判断。

伊雷娜·居里报道镧的出现，引起了哈恩的强烈反应。当时哈恩正在柏林大学化学研究所工作。他和伙伴迈特纳长期合作研究放射性，三十年中间，他们做出了多项发现，其中包括1917年共同发现了镤，后来进行超铀元素的研究。由于迈特纳有犹太血统，在研究到了最关键的时刻，她因躲避纳粹迫害不得不离开德国，逃离柏林到瑞典斯德哥尔摩避难。哈恩如失膀臂，但未放弃这方面的努力，他与另一位德国物理学家斯特拉斯曼合作，又开始了新的尝试和探索。

哈恩和斯特拉斯曼也用慢中子轰击铀，在1938年末，经过一系列精

★ 老诺贝尔奖有奖牌和证书，新诺贝尔奖亦如此。2010年，在去世42年之后，迈特纳获得了新诺贝尔化学奖，得到了本就属于她的荣誉

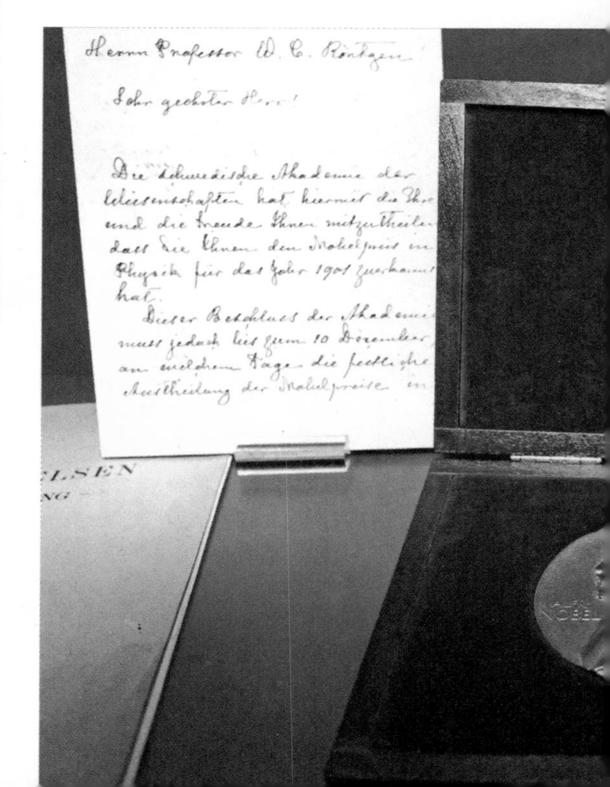

细的实验，他们在铀的生成物中找到一种放射性物质，其放射性的半衰期为4小时，接近3.5小时，不过，这种新的放射性物质的化学性质却与镧不同，而与钡类似。但是钡的原子序数是56，也是处于元素周期表中间的位置。他们不确定它是否是钡，因为从他们已经形成的判断准则来看，这只能是与钡属于同一族的镭，所以他们想这或许是镭的一种尚未发现的同位素。可是，后来经过多次实验就是无法从钡中分离出带那种放射性的镭来，那种放射性总是伴随着钡沉淀。他们只好承认它存在于钡中而不在镭中。后来，又经过多次实验，证实了居里的结果，也就是说，从化学分析的结果看，无可辩驳地肯定了中间化学元素的出现。

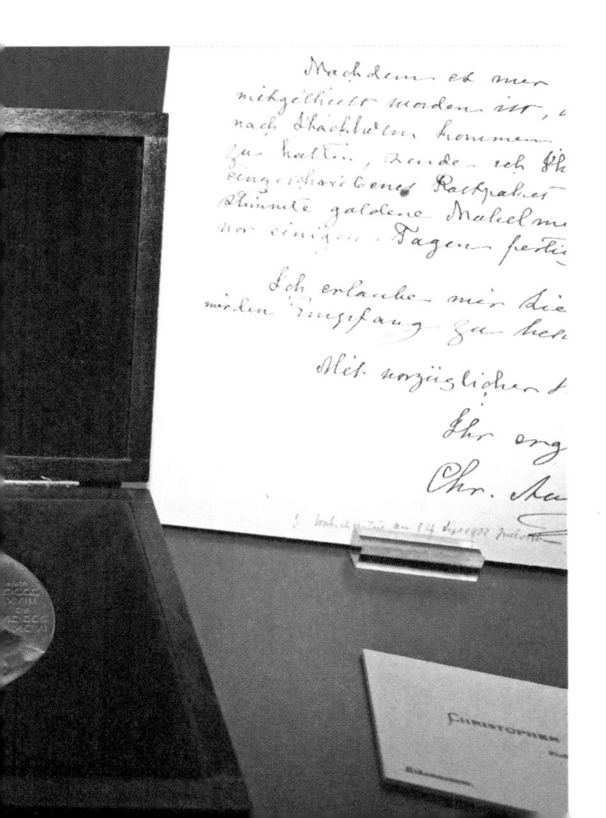

哈恩虽然意识到这不是一般的放射性嬗变，但也不敢肯定这就是裂变。他不敢设想铀在慢中子的轰击下竟会碎裂，但他是一位严谨的实验家，如实地报道了实验结果。1939年1月德国的《自然科学》杂志发表了哈恩和斯特拉斯曼的论文。在结尾中，他们写道：

“作为化学家，我们真正应将符号Ba、La、Ce引进衰变表中来代替Ra、Ac、Th，但作为工作与物理领域密切相关的‘核化学家’，我们又不能让自己采取如此剧烈的步骤来与核物理迄今所有的经验分庭抗礼。也许一系列巧合给了我们假象。”

与此同时，他还把实验结果和自己的想法写信告诉了迈特纳。这时逃亡到瑞典的迈特纳在斯德哥尔摩的诺贝尔研究所工作。她接到了哈恩在发表1939年1月论文之前寄来的信，信中告诉她最近得到的惊人结果。迈特纳当时正准备利用圣诞节假期与侄子弗利胥会面。弗利胥也是优秀的物理学家，此时35岁，1934年就流亡到国外，在玻尔的理论物理研究所工作。带着哈恩的问题，迈特纳和弗利胥见面后的第一件事，就是把哈恩的信给他看，两人展开了热烈的争论。可是，原子核由许多质子和中子组成，它们互相强烈地吸引着，怎么会因为增加了一个中子就一分为二呢？中子并没有带来多少动能呀！

迈特纳和她的侄子在白雪覆盖的

★ 科学家们的思考时刻都在进行，讨论难题、发现未知是他们的乐趣所在。在白雪覆盖的丛林中，迈特纳亦如此

丛林中漫步，突然间，弗利胥想起了玻尔不久前提出的“液滴核模型”。这个模型是说，在某些情况下，可以把核想象成液滴，核子、质子和中子就像真正的水分子，强相互作用造成的表面张力使核平常保持球形。但在某些情况下，液滴可以由于振动而拉长。迈特纳突然想到了“撕裂”一词。她立即认识到自己已经找到了答案：质子的增加使铀原子核变得很不稳定，从而发生分裂。就这样迈特纳发现了核裂变的过程。

他们用了两天时间思考这一新的见解。两人分手后，弗利胥返回哥本哈根，正值玻尔准备离开去美国。弗利胥告诉他哈恩的化学结论和自己与迈特纳的想法。弗利胥后来回忆道：“我刚开始告诉他（这些消息）时，只见他用手敲打自己的前额，惊呼‘啊！我们好笨啊！这真有趣！正应该这样！’”

应玻尔的请求，弗利胥写了一

篇论文，寄交《自然》杂志，同时，他和迈特纳联名也写了一篇简短的通讯，论证重核裂变的产生。“裂变”一词就是首先在这篇文章中提出的。弗利胥还设计了进一步实验的方案并立即着手进行。

与此同时，迈特纳也进行着实验，证明了当游离的中子轰击放射性铀时，每个铀原子都分裂成了两部分，生成了钡和氪。这个过程还释放出巨大的能量。运用爱因斯坦公式估算出裂变能为200MeV。

与此同时，在距离哈恩和斯特拉斯曼发表第一篇文章之后的一个月，他们又发表了一篇文章，因为得到了迈特纳的答复，哈恩经过多次试验验证，肯定了这种反应就是铀-235的裂变。这次他们的口气完全变了，从试探、迟疑到坚定、自信。

1939年1月26日，玻尔在华盛顿参加理论物理讨论会，费米也正在那里。这次会议本来是要讨论低温物理的，由于玻尔讲到重核裂变的新进展，引起会议极其热烈的讨论，重核裂变的现象在短时间内得到了世界各地科学家的证实和全面深入研究。

核裂变的意义不仅在于中子可以把一个重核打破，关键的是在中子打破重核的过程中，同时释放出能量。在此之前的人们对释放原子能的争议中，怀疑论者还占上风，不少人以为要打破原子核，需要额外供给强大的能量，根本不可能在打破的过程中还能释放出更多的能量。而铀核裂变的发现，当时就被认为“以这项发现为基础的科学成就是十分惊人的，那是因为它是在没有任何理论指导的情况下用纯化学的方法取得的”。

尽管当时奥托·哈恩发现核裂变还没有他的同胞伦琴教授发现X射线的影响大，但就其对于改变人类生活与发展所产生的结果而言，核裂变的意义更为重要，因为人工核裂变的试验成功，是近代科学史上的一项伟大突破，它开创了人类利用原子能的新纪元，具有划时代的深远历史意义。奥托·哈恩也因此荣获1944年诺贝尔化学奖。

★ 原子弹就是通过哈恩发现的核裂变来释放能量，发生爆炸的

仅仅过了7年，到了1945年，核能应用在军事领域，美国率先制造出原子弹，并在战争中开创了核时代。

作为爱好和平的科学家，奥托·哈恩曾讲过这样的话："我对你们物理学家，唯一的希望就是，任何时候也不要制造铀弹。如果有那么一天，希特勒得到了这类武器，我一定自杀。"哈恩反对将原子能技术应用于战争，他拒绝为纳粹政权提供任何技术支持，即便后来因此被拘禁，他也从未屈服。但后人还是违背了他的意愿，将原子能用于了战争。1945年，美国在日本广岛、长崎投下了原子弹，日本成为核弹的第一个受害者。但自此，爱好和平的人们反对应用核弹这类大规模杀伤性武器的呼声也越来越高。

了解神秘的物质世界，让科学为人类造福，这才是科学研发的初衷，也是科学先驱们的追求。

被争议的荣誉

重核裂变的发现意义重大，哈恩

★ 哈恩反对将原子能技术应用于战争，但是人类还是违背了他的意愿。1945年，美国在日本广岛投下了第一颗原子弹，广岛市在瞬间变成了废墟，人员伤亡惨重。图为日本广岛在原子弹爆炸地建立的和平公园纪念碑

得到了应得的荣誉，但是迈特纳却受到了不公正的对待。

在德国，她一直与哈恩等人一起合作研究；发现“核裂变”的关键实验——铀的中子照射实验还是她建议做的；即使在流亡瑞典期间，她也一直与哈恩有联系并指导他们的实验；斯特拉斯曼把迈特纳看作是他们那个集体的精神领袖，并认为迈特纳的意见和判断有很大的份量：是迈特纳提出了核裂变，并测定了这一能量。但是，有些学术权威一直坚持把“核裂变”的发现单独归于哈恩，而不肯承认“犹太人”迈特纳与弗利胥所做的贡献，甚至有意无意地贬低丽丝·迈特纳等人的成就。

但是哈恩保持了沉默。在他获得诺贝尔奖前后，哈恩否认曾与迈特纳合作，在外人甚至是迈特纳看来，这是因为他担心承认和犹太人合作会危及自己的工作甚至是生命。但在纳粹下台后，哈恩继续否认迈特纳的贡献，一再声称迈特纳只是自己的实验助手。这不仅令他失去了一个彼此信赖了30多年的朋友，也常常为后人所诟病。

战后，正直的人们试图让迈特纳通过诺奖获得补偿，但她又碰到了一个嫉妒心极重的刻薄上司。在瑞典的上司西格班可不希望这件事发生，“她对他的计划是一个潜在的威胁”，而且“她在核物理学上比他高明，享誉海外”。最终，迈特纳在有生之年没有得到诺贝尔奖。

迈特纳是一个十分沉静而且非常重友谊的人，她不曾为自己的利益去斗争，只有物理学带给她一生的欢乐和意义。在平静的心态下，她活到了接近90岁，而与她同时代的很多科学家都早于她去世。1968年迈特纳在睡眠中逝世，真正离开了热爱一生、贡献一生的科学事业。

公道自在人心，2010年新诺贝尔奖将化学奖追授给了迈特纳。在逝世42年之后，迈特纳得到了本就应与哈恩共享的荣誉。

★ 核裂变造就了原子弹的诞生，在核裂变的发现中，迈特纳功不可没

放射性同位素

如果两个原子质子数目相同，但中子数目不同，则它们仍有相同的原子序，在周期表是同一位置的元素，所以两者就叫同位素。有放射性的同位素称为“放射性同位素”。

自19世纪末发现了放射性以后，到20世纪初，人们发现的放射性元素已有30多种，而且证明，有些放射性元素虽然放射性显著不同，但化学性质却完全一样。

1910年英国化学家、物理学家索迪提出了同位素假说：化学元素存在着相对原子质量和放射性不同而其他物理化学性质相同的变种，这些变种应处于周期表的同一位置上，称作同位素。

1932年出现了原子核的中子—质子理论以后，人们才进一步弄清，同位素就是一种元素存在着质子数相同而中子数不同的几种原子。由于质子数相同，所以它们的核电荷和核外电子数都是相同的（质子数=核电荷数=核外电子数），并具有相同电子层结构。因此，同位素的化学性质是相同的。但通过研究人们发现同位素的放射性有所不同，这是为什么呢？原来由于物质的各同位素的中子数不同，这就造成了各原子质量会有差异，因此就涉及原子核的某些物理性质，如放射性，就出现了不同。

一般来说，质子数为偶数的元素，可有较多的稳定同位素，而且通常不少于3个，而质子数为奇数的元素，一般只有一个稳定核素，其稳定同位素从不会多于两个，这是由核子的结合能所决定的。

同位素使人们对原子结构的认识更深了一步，且再次证明了决定元素化学性质的是质子数（核电荷数），而不是质量数。

特点

放射性同位素是不稳定的，它会进行衰变，在核衰变的过程中可放射出α射线、β射线、γ射线和电子俘获等，但是放射性同位素在进行核衰变的时候并不一定能同时放射出这几种射线。核衰变的速度不受温度、压力、电磁场等外界条件的影响，也不受元素所处状态的影响，只和时间有关。放射性同位素的半衰期越长，说明衰变得越慢，半衰期越短，说明衰变得越快。半衰期是放射性同位素的一特征常数，不同的放射性同位素有不同的半衰期，衰变的时候放射出射线的种类和数量也不同。

主要作用

1. 射线照相技术，可以把物体内部的情况显示在照片上。

2. 测定技术方面的应用，古生物年龄的测定，对生产过程中的材料厚度进行监视和控制等。

3. 用放射性同位素作为示踪剂。

可以用同位素作为一种标记，制成含有同位素的标记化合物（如标记食物、药物和代谢物质等）代替相应的非标记化合物。利用放射性同位素不断地放出特征射线的核物理性质，就可以用核探测器随时追踪它在体内或体外的位置、数量及其转变等，

4. 用放射性同位素的能量，作为航天器、人造心脏能源等。

5. 利用其杀伤力，治疗恶性肿瘤、灭菌消毒。

发展方向

放射性同位素的应用目前主要从两个方面展开：

1. 利用它的射线

α 射线由于贯穿本领强，可以用来检查金属内部有没有沙眼或裂纹，另外 α 射线的电离作用可以消除机器在运转中因摩擦而产生的有害静电。

通过射线照射还可以使种子发生变异，培养出新的优良品种。射线辐射还能抑制农作物害虫的生长，甚至直接消灭害虫。在罹患恶性肿瘤之后往往都需要放、化疗，其中的“放疗”就是利用射线照射，因为人体内的癌细胞相对正常细胞对射线较为敏感。由于人造放射性同位素的放射强度容易控制，在生产和科研中凡是用到射线时，都是用的人造放射性同位素。

2. 作为示踪原子

由于元素的各种同位素的化学性质相同，我们就可以用放射性同位素代替非放射性的同位素来制成各种化

★ 放射性同位素可应用在技术测定方面，如对古生物年龄的测定

合物，这种化合物的原子跟通常的化合物一样参与所有化学反应，却带有“放射性标记”，用仪器可以探测出来，这种原子叫作示踪原子。

利用磷的放射性同位素制成肥料喷在施过磷肥的棉花上，然后每隔一定时间用探测器测量棉株各部位的放射性强度，就可以知道棉花在哪个生长阶段的吸收率最高，磷能在作物体内存留多长时间。

给人注射碘的放射性同位素碘-131，然后定时用探测器测量甲状腺及邻近组织的放射强度，有助于诊断甲状腺的器质性和功能性疾病。

近年来，有关生物大分子的结构及其功能的研究，几乎都要借助于放射性同位素。

★ 用放射线照射种子可使种子发生变异，培养出新的优良品种

第三章

核与能的转换

核反应是宇宙中早已普遍存在的极为重要的自然现象。在恒星上发生的核反应是恒星辐射出巨大能量的源泉。那核与能之间是如何进行转换的呢？我们就从裂变、衰变、聚变三种反应中了解一下核与能的转换原理。

核裂变

引言：

核裂变，又称核分裂，是指由重的原子，主要是指铀或钚，分裂成较轻的原子的一种核反应形式。

核裂变

只有一些质量非常大的原子核像铀、钍和钚等才能发生核裂变。这些原子的原子核在吸收一个中子以后会分裂成两个或更多个质量较小的原子核，同时放出两个到三个中子和很大的能量，又能使别的原子核接着发生核裂变……，使过程持续进行下去，这种过程称作链式反应。原子核发生裂变时，释放出的能量称为原子核能，即我们俗称的原子能、核能。

根据分裂的方式裂变可分为自发裂变和感生裂变。

自发裂变是原子核在没有粒子轰击或不加入能量的情况下发生的裂变。自发裂变产物为丰中子核素，极不稳定，可放出中子或发生β－衰变。某些自发裂变核素已用作不需加速器和反应堆的中子源。

感生裂变在外来粒子（最常见的是中子）轰击下产生的裂变。感生辐射弹就是利用原子核的感生裂变释放出来的高速中子流而实现其杀伤性的。

原理

裂变释放能量是因为原子核中质量－能量的储存方式以铁及相关元素的核的形态最为有效。从最重的元素一直到铁，能量储存效率基本上是连续变化的，所以，重核能够分裂为较轻核（到铁为止）的任何过程在能量关系上都是有利的。如果较重元素的核能够分裂并形成较轻的核，就会有能量释放出来。

核裂变产物

重核在裂变时生成的核，在释放瞬发中子前，称为裂变碎片，释放瞬发中子后的核称为裂变产物。裂变产物又可分为未经β衰变的初级裂变产物和经过一次以上β衰变的次级裂变产物。由于β衰变不影响核的质量数，因此在讨论裂变产物的质量时不区分这两种情况。

如铀-235的核，可以自发裂变。快速运动的中子撞击不稳定核时，也能触发裂变。由于裂变本身释放分裂的核内中子，所以如果将足够数量的放射性物质（如铀-235）堆在一起，那么一个核的自发裂变将触发近旁两个或更多核的裂变，其中每一个至少又触发另外两个核的裂变，依此类推而发生所谓的链式反应。这就是原子弹和用于发电的核反应堆的能量释放过程。

此外，自发裂变是决定最重的那些核素的稳定性的重要因素；裂变产物提供了大量的丰中子远离β稳定线的核素；裂变研究又提供了原子核在大形变条件下的各种特性（如变形核的壳效应）等等。所有这些都说明裂变是核物理的一个重要研究领域。

裂变过程

由于液滴试验在发现核裂变的过程中起到了十分重要的作用，迈特纳还根据实验过程画出了十分形象的核裂变图形，下面我们就按液滴模型的观点，简单说一下裂变过程。

★ 核反应是宇宙中早就普遍存在的自然现象。恒星上发生的核反应是恒星巨大能量的源泉

★ 热中子导致的铀-235裂变，碎片的平均动能可达170MeV左右，占了裂变释放的总能量80%以上。核电站的核裂变亦是如此

处于激发态的原子核（例如，铀-235核吸收一个中子之后，就形成激发态的铀-236核）发生形变时，一部分激发能转化为形变势能。随着原子核逐步拉长，来自核力的表面能随着形变而增大，来自质子之间静电斥力的库仑能却会随着形变的增大而减小。这样原子核的形变能就会经历一个先增大后减小的过程。两种因素综合作用的结果形成一个裂变势垒，原子核只有通过势垒才能发生裂变。

势垒的顶点称为鞍点。到达最终断开的剪裂点后，两个初生碎片受到相互的静电斥力作用，向相反方向飞离。静电库仑能就转化成两碎片的动能。碎片分开时，由于库仑斥力，可以具有很大的动能，例如热中子导致的铀-235裂变，碎片的平均动能可达170MeV左右，占了裂变释放的总能量80%以上。

初生碎片具有很大的形变，它们很快收缩成球形，碎片的形变能就转变成为它们的内部激发能。具有相当高激发能的碎片，以发射若干中子和γ射线的方式退激，这就是裂变瞬发中子和瞬发γ射线。

退激到稳定状态的碎片由于中子数与质子数的比例偏大，均处于β稳定线的丰中子一侧，因此要经历一系列的β衰变而变成稳定核。这就是裂变碎片的β衰变链。在β衰变过程中，有些核又可能发出中子，这些中子称为缓发中子。

以上就是一个激发核裂变的全过程。

裂变中子

原子核裂变时发射出来的中子分瞬发中子和缓发中子两类，瞬发中子占绝大部分，其中主要又是从碎片蒸发出来的；缓发中子只占很小的份额（千分之几）。

(1)瞬发中子的能量分布很宽，从

零一直延伸到15MeV左右，主要部分在0.1～5MeV区域。

铀-235热中子裂变的裂变中子谱的峰在0.8MeV附近，平均能量在2MeV左右。缓发中子也具有连续能谱，其平均能量在1MeV以下。

即使是同样的核在同样条件下裂变，每次裂变事件发射的中子数也不固定。有的不发射中子，多数发射两三个中子，最多可有七八个。其平均值（不是整数）称为平均裂变中子数蔚。当裂变核的激发能增加时，蔚随之增加；一般地说，在裂变核的原子序数或质量数增加时，蔚也随之增大。蔚的大小，对链式反应装置的临界条件起关键作用。

(2)缓发中子所占份额虽然很小，但在慢中子裂变反应堆的控制上却起着重要作用，它直接关系到反应堆的动态特性。缓发中子的能量分布在250～560keV范围内。

核裂变的应用

目前商业运转中的核能发电厂都是利用核分裂反应而发电。

利用核反应堆中核裂变所释放出

★ 缓发中子虽然在原子核裂变所释放出来的中子里所占份额很小，但在慢中子裂变反应堆的控制上起着重要作用。图为核反应堆的控制棒

粒子加速器

粒子加速器是用人工方法产生高速带电粒子的装置，是探索原子核和粒子的性质、内部结构和相互作用的重要工具，目前在工农业生产、医疗卫生、科学技术等方面也都有重要而广泛的实际应用。

自从卢瑟福用天然放射性元素放射出来的α射线轰击氮原子首次实现了元素的人工转变以后，物理学家就认识到要想认识原子核，必须用高速粒子来变革原子核。由于天然放射性提供的粒子能量有限，且粒子流也极为微弱，为了开展有预期目标的实验研究，几十年来人们研制和建造了多种粒子加速器，性能不断提高。

粒子加速器按其作用原理不同可分为静电加速器、直线加速器、回旋加速器、电子感应加速器、同步回旋加速器、对撞机等。

的热能进行发电的方式，与火力发电极其相似。只是以核反应堆及蒸汽发生器来代替火力发电的锅炉，以核裂变能代替矿物燃料的化学能。

核能发电利用铀燃料进行核分裂连锁反应所产生的热，将水加热成高温高压，利用产生的水蒸气推动蒸汽轮机并带动发电机。核电站中的核分裂反应是可控的核裂变。核电站的原理是让裂变核能有控制地逐渐释放出来，并最终转化为电能，核反应所放出的热量较燃烧化石燃料所放出的能量要高很多（相差约百万倍），但是其所需要的燃料体积比火力电厂少很多。如一座百万千瓦级的发电厂每年

★ 核反应所放出的热量较燃烧化石燃料所放出的能量要高很多，但是所需要的燃料体积比火力发电厂要少很多。一座百万千瓦的火力发电厂每天需要的煤量需要300节火车皮拉，而同样功率的核电站，每年仅需补充30吨核燃料，一辆重型卡车就可拉走

要消耗约300万吨原煤，如果该发电厂在广东，则每天需要约300节火车皮北煤南运，而一座同样功率的核电站，每年仅需补充约30吨核燃料，一辆重型卡车即可拉走。

原子核在发生核裂变时，释放出巨大的能量称为原子核能，1千克铀–235的全部核的裂变将产生20,000兆瓦小时的能量（足以让20兆瓦的发电站运转1,000小时），与燃烧300万吨煤释放的能量一样多。

核能发电所使用的铀–235纯度只约占3%—4%，其余皆为无法产生核分裂的铀–238。

核电站和原子弹是核裂变能最广泛的两大应用，两者机制上的差异主要在于链式反应速度是否受到控制。核电站的关键设备是核反应堆，它相当于火电站的锅炉，受控的链式反应就在这里进行。核电站的裂变反应主要指铀–235、钚–239、铀–233等重元素在中子作用下发生分裂，并放出中子和大量能量的过程。反应中，可裂变物的原子核吸收一个中子后发生裂变并放出两三个中子。若这些中子除去消耗，至少有一个中子能引起另一个原子核裂变，使裂变自持地进行，则这种反应称为链式裂变反应。实现链式反应是核能发电的前提。

为了控制反应堆的裂变反应，人们根据反应进行的速率插入铀（或其他放射性物质）堆的可吸收部分中子的物质来控制，这种物质就是核反应的慢化剂，慢化剂可将高能量中子速度减慢，变成低能量的中子。

原子弹主要是利用核裂变释放出来的巨大能量来起杀伤作用的一种武器。它与核反应堆一样，依据的同样是核裂变链式反应。原子弹主要利用铀–235或钚–239等重原子核的裂变链式反应原理制成的裂变武器，它的核裂变是不可控的。

核聚变

引言：

由较轻的原子核结合变化为较重的原子核，称为核聚变。一般来说，这种核反应会终止于铁，因为其原子核最为稳定。

原理

核聚变是指由质量小的原子，在一定条件下（如超高温和高压），发生原子核互相聚合作用，生成新的质量更重的原子核，并伴随着巨大的能量释放的一种核反应形式。核聚变反应放出的能量叫作核聚变能。

核聚变的过程与核裂变相反，它是几个原子核聚合成一个原子核的过程。只有较轻的原子核才能发生核聚变，比如氢的同位素氘、氚等。

核聚变的原理的简单回答：爱因斯坦质能方程$E=mc^2$。

原子核发生聚变时，有一部分质量转化为能量释放出来。只要微量的质量就可以转化成很大的能量。核聚变也会放出巨大的能量，而且比核裂变放出的能量更大。根据核聚变反应的实验，每“烧”掉6个氘核就可放出43.24MeV能量，相当于每个核子平均放出3.6MeV。它比裂变反应中每个核子平均放出0.85MeV高4倍。因此聚变能是比裂变能更为巨大的一种核能。

要使原子核之间发生聚变，必须使它们接近到飞米级。要达到这个距离，就要使核具有很大的动能，以克服电荷间极大的斥力。要使核具有足够的动能，必须把它们加热到很高的温度（几百万摄氏度以上）。因此，核聚变反应又叫热核反应。原子弹爆炸产生的高温可引起热核反应，氢弹就是这样爆炸的。

相对于人类目前制造的有限的核

中微子

中微子又译作微中子，是轻子的一种，是组成自然界的最基本的粒子之一，常用符号ν表示。中微子不带电，质量非常轻（小于电子的百万分之一），以接近光速的速度运动。

中微子几乎不与其他物质作用，在自然界广泛存在。太阳内部核反应产生大量中微子，每秒通过我们眼睛的中微子数以十亿计。

聚变反应，自然界中一直存在着大规模的核聚变反应，太阳和所有的发光的恒星就是依靠在其本身进行的核聚变反应来保持着极高的温度而发出光和热，向太空辐射能量的。

太阳和恒星中的核聚变反应不是氘核或氚核的原子核之间发生的，而是在氢原子核之间进行的聚变反应，即4个氢原子（H）核聚合成一个氦原子核并放出2个正电子、2个中微子和2～3个光子，中微子是一种静止质量极小（比电子还轻得多）的中性（不带电）基本粒子，在这个过程中释放出26MeV的能量。在太阳和其他恒星中进行的这种核聚变反应，单位质量的氢原子核在单位时间内释放出的核聚变能极少，但太阳和其他恒星之所以能以极高的速度向太空辐射大量的能量，主要是由于太阳和其他恒星中所含的氢的量极其巨大。

首选燃料

为了使核聚变发生，必须克服聚变燃料的原子核间的静电斥力，静电斥力越小越好，原子核的电荷越少，静电斥力越小。因此，原子核所带正

★ 太阳和所有的发光的恒星是依靠在其本身进行的核聚变反应来保持着极高的温度而发出光和热，向太空辐射能量的

冷核聚变

冷核聚变是指在相对低温（甚至常温）下进行的核聚变反应，这种情况是针对自然界已知存在的热核聚变（如恒星内部热核反应）而提出的一种概念性'假设'，这种设想将极大地降低反应要求，可以使用更普通而且简单的设备，同时也使聚核反应更安全。

目前科学界正在进行冷核聚变的积极探索。

电荷最少的氢及其同位素氚和氘，就成为核聚变的首选燃料。

在自然界中，氢的蕴藏量最丰富，水是由氢和氧构成的，从水中获得氢也并不困难。但是氢原子核的聚变反应速度太慢，1克氢发生核聚变在1秒内只能放出几十尔格的能量，相当于一支1W的灯泡1秒内消耗电能的几十万分之一，所以，氢在实际上是不能作为核聚变的材料的。

除氢之外，氘和氚是较为理想的聚变燃料。

氘原子核也只带一个单位的正电荷，其聚变释放能量的速度很快。氚原子核与氘原子核之间的聚变释放能量的速度也很快。氘和氚的获得相对容易，所以它们是聚变的重要材料。

氘在海水中的绝对含量是相当多的，从海水中分离出重水并制备氘也并不困难，根据目前地球上的水含量，水中的氘足以满足人类未来几十亿年对能源的需要。氚虽然在自然界中极为稀少，但是它可以通过中子与锂原子核作用而制造出来。制造氚所需要的锂在地球上的储量尽管不够丰富，目前世界已探明的锂储量为3.495×10^6吨金属锂（中国占44.71%），储量基础为1.167×10^7金属锂（中国占29.42%），但完全用高品位的锂通过核聚变供给全世界所有的能源，也可以供应一个世纪，而如果将陆地上的低品位锂（每吨含20～50

★ 目前人类对核聚变能的应用主要是不可控的核聚变，如氢弹的爆炸

克）制成氘转变成聚变能，则可供给全世界几百万年的能源消耗。

类型

随着人类对核聚变研究的不断深入，目前核聚变的发展经历了三个阶段。

“第一代”核聚变是让氘和氚聚变。

氘和氚聚变会产生大量的中子，而且携带有大量的能量，中子对于人体和生物都非常危险。

在聚变反应中最难处理的是中子可以跟反应装置的墙壁发生核反应，用一段时间之后就必须更换，而且换下来的墙壁可能有放射性（取决于墙壁材料的选择），成了核废料。

氘氚聚变的优点是燃料无比便宜，缺点是有中子。

“第二代”聚变是氘和氦3反应。

这个反应本身不产生中子，但其中既然有氘，氘氘反应也会产生中子，不过总量非常非常少。如果第一代电站必须远离闹市区，第二代估计可以直接放在市中心。

“第三代”聚变是让氦3跟氦3反应。

用氦3进行聚变反应不仅产生的能量大，而且氦3没有放射性，反应过程易于控制。因为氦3作为反应物主要产生高能质子而不是中子，对环境保护更为有利。这种核聚变堪称终极聚变，但是相对而言，聚变成本高，技术要求也高。

优势及应用

优势

核聚变较之核裂变有两个重大优点。

一是地球上蕴藏的核聚变能远比核裂变能丰富得多。

据测算，每升海水中含有0.03克氘，所以地球上仅在海水中就有45万亿吨氘。1升海水中所含的氘，经过核聚变可提供相当于300升汽油燃烧后释

★ 使核聚变能像人类利用核裂变原理发电一样被人类所控制并利用，是目前研究聚变能应用的一个难点

放出的能量。地球上蕴藏的核聚变能约为蕴藏的可进行核裂变元素所能释出的全部核裂变能的1000万倍，可以说是取之不竭的能源。至于氚，虽然自然界中不存在，但靠中子同锂作用可以产生，而海水中也含有大量锂。

第二个优点是既干净又安全。

因为它不会产生污染环境的放射性物质，热核反应之后最后生成物是α粒子与中子，其放射性少，放射性寿命短，比裂变过程要干净得多。

应用：

目前人类已经可以实现不受控制的核聚变，如氢弹的爆炸。但是要想能量可被人类有效利用，必须能够合理地控制核聚变的速度和规模，实现持续、平稳的能量输出。科学家正努力研究如何控制核聚变。

聚变能量的释放，在氢弹装置中已获成功。氢弹以原子弹引爆，原子弹周围为热核燃料，原子弹爆炸产生几千万度的高温，促使核聚变反应得以完成，1952年美国制成的世界第一枚氢弹以氘和氚为燃料。由于它们常温下为气态，必须在高压和低温装置中使氘、氚混合物保持在液态，所以这颗氢弹非常笨重（65吨），价格也十分昂贵。

有人提出能不能像应用核裂变一样，建立核聚变的发电站呢?

用高温法实现核弹容易，发电就麻烦了，发电用的核聚变不能用原子弹引发，只能用特殊的设备实现，如托卡马克装置。问题是，目前的技术条件下，加热到足以引发持续并且安全的核聚变临界温度并维持它所需的能量比核聚变本身产生的能量高多了，靠核聚变本身维持这个温度所需的反应程度却又不可避免地导致爆炸，所以对于受控核聚变的研究是聚变能应用上的一个难点。

核衰变

引言：

放射性核素在衰变过程中，该核素的原子核数目会逐渐减少。衰变至只剩下原来质量一半所需的时间称为该核素的半衰期。每种放射性核素都有其特定的半衰期，由几微秒到几百万年不等。

α 衰变

α 衰变是一种放射性衰变。在此过程中，一个原子核释放一个 α 粒子（由两个中子和两个质子形成的氦原子核），并且转变成一个质量数减少4、核电荷数减少2的新原子核。

一个 α 粒子与一个氦原子核相同，两者质量数和核电荷数相同。α 粒子由两个质子和两个中子组成，它的质量等于氦原子量减去两个电子的质量，因为没有壳层电子，所以带两个正电荷即+2e，α 粒子的能量约在4～9兆电子伏特之间，它有很强的电离作用，它的贯穿能力很弱，一般说一张薄纸足以阻挡 α 粒子穿过。α 粒子在通过物质时因电离逐渐失去能量，速度愈小时，电离作用愈强，最后 α 粒子从外界得到两个电子变成氦原子。

不同核素 α 衰变的半衰期分布

不同核素 α 衰变的半衰期分布不同，一般的规律是衰变能较大，则半衰期较短；反之，衰变能较小，则半衰期较长。衰变能的微小改变，能引起半衰期的巨大变化。

α 衰变从本质上说，是量子力学隧道效应的一个过程。α 衰变是量

隧道效应

考虑粒子运动遇到一个高于粒子能量的势垒，按照经典力学，粒子是不可能越过势垒的；按照量子力学可以解出除了在势垒处的反射外，还有透过势垒的波函数，这表明在势垒的另一边，粒子具有一定的概率贯穿势垒。这种现象称为隧道效应。

理论计算表明，对于能量为几电子伏的电子，方势垒的能量也是几电子伏，当势垒宽度为1埃时，粒子的透射概率达零点几；而当势垒宽度为10时，粒子透射概率减小到10^{-10}，已微乎其微。

★ α衰变过程中释放α粒子，α粒子的穿透性比较弱，一张纸或人体皮肤即可阻挡，在人体外部不构成危害

子力学隧道效应的结果，半衰期随衰变能变化的规律可以根据隧道效应予以说明。计算表明，α粒子和子核的库仑势垒高达20MeV，α粒子的能量虽小于此值，但由于隧道效应，α粒子有一定的几率穿透势垒，跑出原子核。α粒子的能量越大，穿透势垒的几率越大，即衰变几率越大，从而半衰期越短。由于能量因子出现在指数上，因而它的微小变化，就会引起半衰期的巨大变化。

例如铀-238放射的α粒子能量是4.20兆电子伏，钋放射的α粒子能量是8.78兆电子伏，相差2.1倍，而铀-238的半衰期是4.468×10^9年，钋的是3.0×10^{-7}秒，却相差10^{24}倍。

β衰变

β衰变是原子核自发地放射出β粒子或俘获一个轨道电子而发生的转变。放出电子的衰变过程称为β-衰变；放出正电子的衰变过程称为β+衰变。在β衰变中，原子核的质量数不变，只是电荷数改变了一个单位。

β衰变的半衰期分布在接近10秒到10年的范围内，发射出粒子的能量

★ 核辐射发射出来的高能粒子，对人体的伤害原理，主要是进入人体后影响细胞内的DNA，使DNA变异

铀浓缩

纯度为3%的铀-235为核电站发电用低浓缩铀；铀-235纯度大于80%的铀为高浓缩铀；其中纯度大于90%的成为武器级高浓缩铀，主要用于制造核武器。

由于实际核武器问题，铀浓缩技术是国际社会严禁扩散的敏感技术。提炼浓缩铀通常采用气体离心法，而气体离心分离机是其中的关键设备，为此美国等国家通常把拥有该设备作为判断一个国家是否进行核武器研究的标准。

由于要生产核武器，铀-235浓度至少要达到90%，所以如果发现某个国家的铀-235浓度达到90%，这就是企图制造核武器的铁证。

最大为几兆电子伏。β衰变不仅在重核范围内发生，在全部元素周期表范围内都存在β放射性核素。

(1)β-衰变

放射出β-粒子（高速电子）的衰变。一般地，中子相对丰富的放射性核素常发生β-衰变。这可看作是母核中的一个中子转变成一个质子的过程。

(2)β+衰变

放射出β+粒子（正电子）的衰变。一般地，中子相对缺乏的放射性核素常发生β+衰变。这可看作是母核中的一个质子转变成一个中子的过程。

(3)轨道电子俘获

原子核俘获一个K层或L层电子而衰变成核电荷数减少1、质量数不变的另一种原子核。由于K层最靠近核，所以K俘获最易发生。在K俘获发生时，必有外层电子去填补内层上的空位，并放射出具有子体特征的标识X射线。这一能量也可能传递给更外层电子，使它成为自由电子发射出去，这个电子称作“俄歇电子”。

β衰变的电子中微子理论

β衰变中放出的β粒子的能量是连续分布的。为了解释这一现象，1930年，沃尔夫冈·泡利提出了β衰变放出中性微粒的假说。1933年，费米在此基础上提出了β衰变的电子中微子理论。这个理论认为：中子和质子可以看作是同一种粒子（核子）的两个不同的量子状态，它们之间的相互转变，相当于核子从一个量子态跃迁到另一个量子态，在跃迁过程中放出电子和中微子。β粒子是核子的不同状态之间跃迁的产物，事先并不存在于核内。所以，引起β衰变的是电子-中微子场同原子核的相互作用，这种作用属于弱相互作用。这个理论成功地解释了β谱的形状，给出了β衰变的定量的描述。

随着研究的不断深入，科学家们对β衰变的电子中微子理论又进行了完善。

1956年，在β衰变的研究中有了一个重要的突破，这就是李政道和杨振宁提出的弱相互作用中的宇称不守恒，第二年吴健雄等人利用极化核Co的β衰变实验首次证实了宇称不守恒，这一发现不仅促进了β衰变本身的研究，也促进了粒子物理学的发展。李政道和杨振宁因此获得了1957年的诺贝尔物理学奖。

γ衰变

γ衰变是放射性元素衰变的一种形式。反应时放出伽马射线（是电磁波的一种，不是粒子）。

γ衰变过程中原子核从不稳定的高能状态跃迁到稳定或较稳定的低能状态，并且不改变其组成成分的过程。

γ衰变时所放出的射线称作γ射线，伽马射线是电磁辐射，具有在电磁辐射的频谱中最高的频率和能量，而且在电磁辐射的频谱中波长最短，即是属于高能光子。由于其高能量，活细胞吸收它们时能造成严重破坏。通常在发生α衰变或β衰变时，所生成的核仍处于不稳定的较高能态（激发态），在转化到处于稳定的最低能态（基态）的过程中，也会产生这种衰变而放出γ射线。

★ γ衰变时会释放出γ射线，γ射线在太空中广泛存在。在太空中产生的伽马射线是由恒星核心的核聚变产生的，因为无法穿透地球大气层，所以无法到达地球的低层大气层，只能在太空中被探测到

专题讲述

放射性的防护

辐射损伤是各种电离辐射作用于人体所引起的各种生物效应的总称。这是由于各种电离辐射（如X或γ射线、β射线、α射线和中子束等）引起电离、激发等作用而把能量传递给机体，造成各组织器官的病理变化。

放射性防护又可分成内照射防护和外照射防护。一定量放射性物质进入人体后，不仅以其化学毒性危害人体，还能以它的辐射作用损伤人体，这种作用称为内照射。体外的电离辐射照射人体也会造成损伤，这种作用称为外照射。对辐射采取防护措施时，要根据不同情况采取措施。

内照射防护

内照射通常是因为吸入放射性物质污染的空气，饮用放射性物质污染的水，吃了放射性物质污染的食物，或者放射性物质从皮肤、伤口进入体内。由于核素的种类不同、毒性不同，带来的危险程度也不同。因此，根据放射性核素摄入体内产生危害作用的大小和在空气中的最大容许浓度，把它们分成极毒、高毒、中毒和低毒四组。内照射与外照射的显著差别是，即使不再进行放射性物质的操作，已经进入体内的放射性核素仍然在体内产生有害影响。

内照射防护的基本原则是尽可能地隔断放射性物质进入人体的各种途径。防止放射性物质经呼吸道进入人体内的基本防护措施是：

(1)空气净化，通过空气过滤、除尘等方法，尽量降低空气中放射性粉尘或放射性气溶胶的浓度；

(2)密闭操作，把可能成为污染源的放射性物质放在密闭的手套箱或其他密闭容器中进行操作，使它与工作场所的空气隔绝；

(3)加强个人防护，操作人员应带专用材料做成的高口罩、医用橡皮手套，穿防护工作服；在污染严重的场所，还要戴头盔、穿气衣工作。

(4)通过药物或其他手段使已经进入人体的放射性物质排出体外。

同时，对于从事可能解除放射性物质的工作人员，要严禁用可能被污染的手接触食物、衣服或其他生活用具。

政府部门还要加大监管力度，防止放射性物质不经过处理而大量排入江河、湖泊或注入地质条件差的深井，造成地面水或地下水源的污染。

外照射防护

外照射的特点是只有当机体处于辐射场中时，才会引起辐射损伤，当机体离开辐射场后，就不再受照射。对人体而言，外照射引起的辐射损伤主要来自γ和X射线、中子，其次是β射线。由于α射线在空气中的射程短，能被一张纸或衣服挡住，一般来讲α射线不会造成外照射辐射损伤。

外照射防护一般可以采取以下几种方式：

(1)缩短受照射时间。

受照射的累积剂量和受照射时间成正比。在一切接受电离辐射的操作中，应以尽量缩短受照射时间为原则。例如，在用X射线进行胸部透视时，病人所受照射剂量随检查时间而增加，医生应当在查清病灶情况下，尽量缩短透视时间。

对于工作时间较长的强放射性操

★ 放射性警告标识

作，可以限制个人操作时间，更换操作人员，以减少个体所受的照射剂量。

(2)尽量远离辐射源。

增加操作人员与辐射源间的距离，可以降低受照射的剂量。对于点状放射源，人体受照剂量率与距离平方成反比。在实际操作中可使用远距离的操作工具，如长柄钳、机械手、远距离自动控制装置等以降低剂量率。

(3)屏蔽防护。

根据辐射通过物质时被减弱的原理，在人与辐射源之间加一层足够厚的屏蔽物，以减弱外照射量保护人体安全。合理的屏蔽防护要注意以下几点：

①屏蔽方式。根据放射性防护要求和放射源的不同，可采取固定屏蔽和移动式屏蔽。固定式的屏蔽物有防护墙、地板、天花板、防护门和观察窗等；移动式的有包装容器、各种结构的手套箱、防护屏和铅砖等。

②屏蔽材料。根据电离辐射的种类，采用不同的屏蔽材料。如γ射线和X射线的常用屏蔽材料有水、土壤、岩石、铁矿石、混凝土、铁、铅、铅玻璃、钨等。

β射线能引起组织表层的辐射损伤，还能产生轫致辐射。所以对β射线防护应采用两层屏蔽：第一层用低原子序数的材料屏蔽β射线，并可减少轫致辐射，常用材料有烯基塑料、有机玻璃及铝等；第二层用高原子序数材料屏蔽轫致辐射，常用生铁、钢板和铅板等。

★ 倘若在工作中必须接触放射性物质，就一定要穿防护服，并要严格控制工作时间，以保证身体的健康

科学探索丛书

第四章

天使与魔鬼

任何事物都有两重性，同样，任何一种能源都是既具有优点，也存在缺点的。核能就像一柄双刃剑，它可以造福人类，也有能力给人类文明画上句号。

第一座核反应堆的建立

引言：

核反应堆，又称为原子反应堆或反应堆，是装配了核燃料以实现大规模可控制裂变链式反应的装置。世界上第一座核反应堆是美国物理学家恩利克·费米主持修建成功的。

费米生平

1942年12月2日美国芝加哥大学成功启动了世界上第一座核反应堆，它的研制成功，意义重大而深远。它不仅直接导致了第一颗原子弹的爆炸，还在于建造了原子能反应堆。从此，人们找到了开发原子核能的一条基本途径，为人类的能量来源开辟了崭新的天地。

恩利克·费米，美国物理学家。1901年出生于意大利的罗马。父亲是交通部的一位稽查长。他从小就对数学物理有极大兴趣，酷爱读书，聪慧敏捷。

10岁时，他就能从大人们的言谈中理解$x^2+y^2=r^2$代表一个圆。

14岁自学了代数、数学分析和几何学。他在学校功课超前，教师们觉得没有什么可教，就让他在实验室里自由做实验。

17岁时，他以优异成绩获取了比萨的皇家高等师范学院的奖学金，入学后，费米得到了优良的学习条件，但也多为自学，一年内就掌握了量子理论和相对论。

1922年他获得了比萨大学的博士学位。

1923年前往德国。在玻恩的指导下从事研究工作。

1926年任罗马大学理论物理学教授，时年25岁。由于费米和其他一些物

重水

重水是由氘和氧组成的化合物，分子式D_2O，分子量20.0275，比普通水（H_2O）的分子量18.0153高出约11%，因此叫作重水。在天然水中，重水的含量约占0.015%。由于氘与氢的性质差别极小，因此重水和普通水也很相似。重水主要用作核反应堆的慢化剂和冷却剂，用量可达上百吨。重水分解产生的氘是热核燃料。

理学家的努力，罗马在三十年代成了世界上又一个崛起的物理学研究中心。

1927年他提出一种统计理论，几个月后狄拉克也独立地提出，被称为费米－狄拉克统计理论。这一理论在微观世界有广泛的运用，是核物理学的理论基础之一。

1933年底，费米又提出β衰变理论。

1938年，他因用中子辐照产生新放射性元素以及用慢中子引起核反应的有关发现获得了诺贝尔物理学奖。当时因为他的妻子是犹太人，意大利法西斯政府颁布出一套粗暴的反对犹太人的法律，而费米强烈反对法西斯主义。于是在这年12月份，他前往斯德哥尔摩接受诺贝尔奖，此后就没有返回意大利，而是去了纽约。哥伦比亚大学主动为他提供职位，从此他开始了在美国的生活。1944年费米加入美国籍。

1944年他担任芝加哥大学核子研究所的教授职务，一直任职到1954年。他在研究所期间，注意力转到高能物理学方面，从事介子－核子相互作用问题的研究。1949年，他揭示宇宙线中原粒子的加速机制，研究了Л介子、μ子和核子的相互作用，提出宇宙线起源理论。1949年，与杨振宁合作，提出基本粒子的第一个复合模型。1952年，发现

★ 世界第一座核反应堆是在芝加哥大学研制成功的

★ *核反应堆是装配了核燃料以实现大规模可控制裂变链式反应的装置，是核电站的心脏*

了第一个强子共振——同位旋四重态。

1954年11月底，费米在芝加哥逝世，终年仅54岁。

费米在理论和实验方面都有第一流建树，这在现代物理学家中是屈指可数的。他的主要贡献在于他在发明核反应堆中所起的重要作用。他最先对有关方面的基础理论做出了重大的贡献，随后又亲自指挥第一座核反应堆的设计和建造。在核反应堆的研制过程中，费米是第一功臣。

为了纪念费米，物理学界以费米（飞米）作为长度单位之一。100号化学元素镄也是为纪念他而命名的。

第一座核反应堆的建立

1919年卢瑟福继发现原子核后，用α射线轰击轻元素实现了轻原子核的人工转变。到了三十年代初，查德威克在卢瑟福的理论指导下发现了中子，美国的安德森发现了正电子，而约里奥·居里夫妇又在1934年发现了人工放射性。这些都是人们用某种高速粒子作为“炮弹”打击原子所取得的重大成果。中子的发现揭示了原子核的内部结构，为发展核物理学提供了基本的实验事实。利用原子能的远景逐渐展现在人们眼前，这个巨大的能源究竟怎样才能得到开发？人们亟待找到打开这个宝库的钥匙。

“裂变理论”诞生之时，费米

正在外出途中。当他从杂志上获悉这一惊人的消息后，就像别的一流科学家一样，立刻认识到了铀裂变可能会释放出大量的中子，产生链式反应。费米还预见到链式反应的潜在军事用途。他马上返回哥伦比亚大学，一头扎进物理实验室。他用精密细致的实验验证了“裂变理论”的正确性，并致力于研究裂变的“链式反应”。

同时期的许多科学家也都在研究核裂变，科学家们根据爱因斯坦质能公式，即$E=mc^2$，估算出一个铀核裂变时会释放出2亿电子伏的能量，这比一个碳原子氧化成二氧化碳分子时所释放的能量（煤燃烧时的化学能）大5000万倍。核裂变过程中蕴藏的巨大能量如何才能应用呢？必要的条件是要有可能产生自持的链式反应。

1939年3月间，法国物理学家约里奥所在的巴黎核化学实验室，费米所在的哥伦比亚大学和西纳德所在的组约大学同时对这项研究做出了贡献。

约里奥和他的同事首先提出了“中子过剩”问题，比较核的组成可以发现，轻核一般是质子和中子数量近于相等，中等大小的核往往中子数略大于质子数，而重核则中子数较质子数大得多，于是在重核分裂为两个较轻的核时，必然出现中子过剩的情况，如果过剩的中子又去轰击别的重核，不就可以出现连锁反应了吗？

根据这个设想约里奥开始了实验。约里奥的实验是用镝（66Dy）探测器测量两种溶液中慢中子的密度分布。一种是硝酸铵，一种是硝酸铀酰。测量距中子源不同距离处的中子密度。实验证明由于铀的存在，在一段距离之外，中子密度比没有铀的情况大些，有可能产生链式反应。

与此同时，费米小组证明，铀核每次裂变产生的中子平均数可能是2，他们选择铀-235和石墨做试验。因为之前费米曾与美国海军联系，加之几个月后爱因斯坦就此项目在武器上的发展给罗斯福总统写了一封信，美国政府开始对原子能感兴趣了。美国政府一有了兴趣，建立一个模式原子反应堆就成了科学家的首要任务，以探明自持的链式反应是否确实可行。由于费米是世界上第一流的中子权威，

曼哈顿工程

曼哈顿计划是美国陆军部于1942年6月开始实施的利用核裂变反应来研制原子弹的计划。为了先于纳粹德国制造出原子弹，该工程集中了当时西方国家（除纳粹德国外）最优秀的核科学家，动员了10万多人参加这一工程，历时3年，耗资20亿美元，于1945年7月16日成功地进行了世界上第一次核爆炸，并按计划制造出两颗实用的原子弹。整个工程取得圆满成功。这一工程的成功促进了第二次世界大战后系统工程的发展。

★ *核反应堆内部景象*

以及他兼具试验和理论才能，所以他被选为组长，组织建立世界上第一个核反应堆，这实际上是一座试验性的原子反应堆。

这一工程是1941年12月开始的，费米选了芝加哥大学的一座运动场看台下的网球场作为试验区。他和一大批物理学家以及工程技术人员研究了各种设计方案，他们认为，要实现自持的链式反应，必须解决两个问题：

一是要找到合适的减速剂，把快中子变为慢中子，才能有效地激发核裂变；重水（即D_2O）虽然效果好，但不易制备，成本太高。普通水（即H_2O）也可以充当减速剂，但又减速太快，甚至还有很强的吸收效应，所以也不能用。费米建议用石墨。他和同事做了大量实验，研究石墨的吸收中子和慢化中子的特性。

二是必须严格控制裂变反应的速率，使裂变既能不断进行，又不致引起爆炸。他们利用镉吸收中子的特性，把镉棒插入反应堆，通过调节镉棒深度，来控制裂变反应的速率。后来又想出把反应堆设计成立方点阵的方案，铀层和石墨层间隔地布置在方阵中。

1942年12月1日，最后一层石墨和铀砖砌好，反应堆已达临界状态。人们紧张而期待地进行着工作。到了2日上午，当控制用的镉棒被抽出时，自持的链式反应如预期一样产生了。虽然当时得到的功率仅有0.5瓦，但这却是人类第一次实现了原子能的可控释放。工作人员都欢呼雀跃，成功的消息传到东部时用的是暗语，但也是一种预言："这位意大利的航海家进入了新世界。"

反应堆研制过程中，费米起到了最重要的作用。他首先是对基本理论的形成做出了贡献，其次是在实践中主持了第一座反应堆的设计和生产。沉湎于科学研究中的费米用自己的心血，换取了人类科学史上的又一个划时代的进步。这一重大成果，打开了长期封闭的原子核能宝库的巨锁，为人类找到了取之不尽、用之不竭的新能源宝藏。由于取得如此巨大的成就，费米成为原子能事业的先驱，成为世界上最有声望的科学家之一。

也正是因为这次成功的试验，美国决定全速实行曼哈顿计划。费米作为杰出的科学顾问，继续在该项目中起重要作用。

★ 反应堆研制的成功打开了长期封闭的原子核能宝库的巨锁，为人类找到了新的能源宝藏

第一颗原子弹的研制

原子弹是科学技术的最新成果迅速应用到军事上的一个突出的例子。从1939年发现核裂变现象到1945年美国制成原子弹，只花了6年时间。

在核裂变现象发现之后，同盟国的科学家虽然已经在讨论原子弹的可能，但是还没有正式开始进行制造的工作。后来由于同盟国在战事中一再失利，德国又开始禁止由他们占领捷克铀矿区的铀矿出口，使得同盟国意识到，德国可能已经在认真进行原子弹计划。正当美国犹豫不决时，一位德国科学家傅吉出人意料地在德文科学期刊上，公开发表了一些德国核分裂研究的新近成果。这位科学家本来是故意突破当时德国尚未完全开始的信息封锁，让同盟国得知德国研究近况，但是同盟国科学家反倒误认为：德国已经抢先在研制原子弹，且有了一定的进展。这就促使美国原子弹计划开始酝酿产生。

匈牙利裔科学家齐拉于是决定采取一些行动。首先他通过多方运作控制了地属刚果的铀矿，接着他和银行家沙克斯共同具名拟就一信，准备敦促罗斯福总统在美国进行原子弹计划，为了增加这封信的分量，他们也要求爱因斯坦共同具名，爱因斯坦同意了。这一封有爱因斯坦共同具名的信函，确实是促成原子弹计划的一个关键因素（战后，爱因斯坦因为原子弹给人类造成的伤害而相当后悔当年的行为）。

“曼哈顿计划”规模大得惊人。由于当时还不知道分裂铀–235的3种方法哪种最好，只得用3种方法同时进行裂变工作。这项复杂的工程成了美国科学的熔炉，此工程汇集了奥本海默、费米、爱因斯坦等一大批来自世界各国的科学家。这些世界顶级科学家们汇聚在一起，在个别部门，带博士头衔的人甚至比一般工作人员还要多，而且其中不乏诺贝尔奖得主。“曼哈顿”工程在顶峰时期曾经启用了53.9万人，总耗资高达25亿美元。这是在此之前任何一次武器实验所无法比拟的。

原子弹的研制进程：

1942年12月2日，在恩利克·费米的指导下，芝加哥大学建成世界上第一个实验型原子反应堆，成功地进行可控的链式反应。

1943年春，奥本海默领导的制造原子弹的工作，在洛斯阿拉莫斯的实验室开始。

1944年3月，橡树岭工厂生产第一批浓缩铀–235。

1945年7月12日，一颗实验性原子弹开始最后装配。

1945年7月15日凌晨5点30分，世界上第一颗原子弹在新墨西哥州阿拉莫戈多的一片沙漠地带试验成功。7月25日，在太平洋的比基尼环礁，原子弹试爆成功。

☆ 第一颗原子弹在太平洋的比基尼环礁试爆成功。图为试爆时的珍贵照片

天使面：人类对核能的应用

引言：

核能作为缓和世界能源危机的一种有效的措施有许多优点，目前人类已经将核能应用在了多个行业，核能已经在影响着人们的生活。

核能发展是大势所趋

能源是自然资源的重要组成部分，是人类社会发展的先决条件，是国家经济发展、人们生活水平提高的重要物质基础。目前，世界上的主要能源是煤、石油和天然气，这三大常规能源都属于化石能源，化石能源是不可再生能源，它们用掉一点就少一点儿。而且，化石能源是宝贵的化工原料，烧掉它们十分可惜。能够发展一种替代能源，对人类的长远发展来讲，是非常有必要的。

随着世界工业化程度的不断加强，20世纪末21世纪初，能源紧张问题已经突显出来，化石能源行将用尽。2002年初，世界煤炭的探明储量为98421.1亿吨，按1998年产量可开采218年。2003年初，世界石油探明储量为1661.48亿吨，可开采48年；世界天然气的探明储量为155.78×10^4亿立方米，可开采67年。

这些有限的化石燃料虽然给人类提供了能源，但是它们所带来的环境污染正在成为人类关注的焦点。

燃烧煤、石油和天然气，会向大气中排放二氧化碳、甲烷、二氧化硫、氮的氧化物、烟尘等，这会造成严重的环境污染。

二氧化碳、甲烷等被称为“温室气体”，因为它们具有反射红外辐射的特性，使地球吸收太阳辐射的能量比向外辐射的能量多，形成全球性的“热罩”，产生全球变暖的“温室效应”。适度的“温室效应”对人类是有好处的，它使地球成为一个适宜生物生存的星球。大气中二氧化碳含量在至少40万年的时间里一直比较稳定，保持在280×10^{-6}立方厘米/立方米的水平。但是自工业革命以来，由于能耗的增加，使温室效应加剧，到20世纪末大气中的二氧化碳含量已增加到目前的360×10^{-6}立方厘米／立方米。由于能耗量的增加，到21世纪大气中的二氧化碳含量将达到450×10^{-6}立方厘米／立方米。根据美国科学家

最新公布的一项研究表明，烟煤颗粒是造成近100多年来地球表面温度升高的重要原因之一，其危害程度是温室气体二氧化碳的两倍。

专家们普遍认为“温室效应”加剧将引起地球平均气温升高，到2100年，平均气温将升高1.5～6℃，悲观估计，到2050年将上升5℃。这将有两方面的影响：一气候恶化；二是引起海平面升高，环保专家预计，到2100年，海平面将比现在上升9～88厘米，这将导致物种的大量灭绝。这不是耸人听闻，近几年由于气候变暖引发的南极冻雨，已经使成千上万只小企鹅死亡。

2006年12月，当美国华盛顿大学生物学教授波尔斯曼来到南极腹地的东部冰原——《帝企鹅日记》的拍摄点，他发现这片帝企鹅的“乐土”已经消失，放眼望去根本看不到小的帝企鹅，冰山只剩下十来座。而根据世界自然基金会发布的一项报告：如果世界温度再上升两摄氏度，则半数以上的南极企鹅种群都将减少或者灭绝，其中便包括帝企鹅。因为冰层融化使它们失去了抚养幼仔的场所，并减少了它们的食物来源。

英国著名气象学家，约翰·霍顿

★ 相对于化石燃料提供给人类的能源而言，核能具有清洁、无污染的特点

曾警告人们说："人类活动引起的全球变暖在一定程度上就是一种大规模杀伤性武器，至少与核武器、生化武器的危害程度相当。"

此外，燃烧化石能源产生的二氧化硫和氮氧化物，也严重地污染了环境，它们是形成酸雨的主要原因。燃烧化石能源还向大气中排放有害气体氯氟烃，它严重地破坏了臭氧层，目前北极上空的臭氧层已经损失20%，而南极上空已经损失50%。

与这些污染严重的化石能源相比，核能则有很多的优势。

核能的优点

核能应用作为缓和世界能源危机的一种有效的措施是有许多优点的：

（1）核能是一种清洁的能源。

利用核能既不产生烟尘、二氧化硫和氮的氧化物，又不产生二氧化碳。就是考虑从采矿到生产燃料、使用燃料的整个燃料链来比较，核能产生的有害气体也比化石燃料少得多。燃料对大气环境和气候的影响，通常以燃料链的温室气体排放系数衡量。从发电来说，中国煤电燃料链的温室气体排放系数约为每千瓦时1302.3克等效CO_2，水电燃料链为每千瓦时107.6克等效CO_2，而核电燃料仅为每千瓦时13.7克等效CO_2。就是说，同样规模的核电与煤电相比，核电向环境释放的温室气体只是煤电的百分之一。所以国际原子能机构前任总干事布里克斯曾说："温室效应，以及核电站设计出现的重大进步，将促成核能发展的第二个春天。"

同时煤里的少量铀、钛和镭等放射性物质，也会随着烟尘飘落到火电站的周围，污染环境。而核电站设置了层层屏障，基本上不排放污染环境的物质，就是放射性污染也比烧煤电站少得多。据统计，核电站正常运行的时候，一年给居民带来的放射性影响，还不到一次X光透视所受的剂量。

★ 世界上有丰富的核资源，用于核聚变的氚可以从海水中提取，全世界海水中所含的氚通过核聚变释放的聚变能，可供人类在很高的消费水平下使用50亿年。图为我国临海而建的广东大亚湾核电站

（2）世界上有比较丰富的核资源，核燃料有铀、钍、氘、锂、硼等等，世界上铀的储量约为417万吨。地球上可供开发的核燃料资源，可提供的能量是矿石燃料的十多万倍。核聚变能的主要材料是氢的同位素氘。氘与氧结合以重水（D_2O）的形式存在于海水中。尽管氘的含量很低，只占氢的0.015%，也就是说每6700个氢原子中才有一个氘原子，但由于地球上有巨大数量的海水，所以可利用的核聚变材料几乎是取之不尽、用之不竭的。据估计，海水中所含的氘达45×10^4亿吨。1升海水中的氘通过核聚变放出的能量相当于300升汽油燃烧释放出的能量。因此，全世界海水中所含的氘通过核聚变释放的聚变能，可供人类在很高的消费水平下使用50亿年。

当前，许多国家都在开展后续能源的研究与开发，积极地研究与开发新能源和替代能源。除了可再生资源太阳能、风能、生物质能、水力资源、地热能和海洋能（如潮汐能、波浪能、海水温差能、海流能和海水盐差能）等，核能已经成为一种重要的新能源。

人类对核能的利用

1. 核能发电

当今，全世界几乎16%的电能是由441座核反应堆生产的，而其中有9个国家的40%多的能源生产来自核能。发电是人类对核能利用的主要形式。

利用核反应堆中核裂变所释放出的热能进行发电与火力发电极其相似。只是以核反应堆及蒸汽发生器来代替火力发电的锅炉，以核裂变能代替矿物燃料的化学能。

核能发电利用铀燃料进行核分裂连锁反应所产生的热，将水加热成高温高压，利用产生的水蒸气推动蒸汽轮机并带动发电机。

反应堆是核电站的关键设计，链式裂变反应就在其中进行。反应堆种类很多，核电站中使用最多的是压水堆。

压水堆中首先要有核燃料。核燃料是把小指头大的烧结二氧化铀芯块装到锆合金管中，将三百多根装有

★ 大亚湾核电站内景

芯块的锆合金管组装在一起，成为燃料组件。大多数组件中都有一束控制棒，控制着链式反应的强度和反应的开始与终止。压水堆以水作为冷却剂在主泵的推动下流过燃料组件，吸收了核裂变产生的热能以后流出反应堆，进入蒸汽发生器，在那里把热量传给二次侧的水，使它们变成蒸汽送去发电，而主冷却剂本身的温度就降低了。从蒸汽发生器出来的主冷却剂再由主泵送回反应堆去加热。冷却剂的这一循环通道称为一回路，一回路高压由稳压器来维持和调节。

除沸水堆外，其他类型的动力堆也都是一回路的冷却剂通过堆心加热，在蒸汽发生器中将热量传给二回路或三回路的水，然后形成蒸汽推动汽轮发电机。沸水堆则是一回路的冷却剂通过堆心加热变成70个大气压左右的过饱和蒸汽，经汽水分离并干燥后直接推动汽轮发电机。

核能发电过程：

核能→水和水蒸气的内能→发电机转子的机械能→电能。

核反应所放出的热量较燃烧化石燃料所放出的能量要高很多（相差约百万倍），比较起来所以需要的燃料体积比火力电厂少相当多。核能发电所使用的铀-235纯度只约占3%～4%，其余皆为无法产生核分裂的铀-238。

1954年，苏联建成世界上第一座装机容量为5兆瓦（电）的奥布宁斯克核电站。英、美等国也相继建成各种类型的核电站。到1960年，有5个国家建成20座核电站，装机容量1279兆瓦（电）。目前核电站主要分布在美国、欧盟、俄罗斯和日本。至2009年，世界各国核电站总发电量的比例平均为17%，核发电量超过30%的国家和地区至少有16个，美国有104座核电站在运行，占其总发电量的20%；法国59台核电机组，占其总发电量的80%；日本有55座核电站，占总发电量的30%以上。

我国也已经积极地研究和开发核电资源，截至2010年，中国已有核电站：秦山核电站（位于浙江嘉兴）、大亚湾核电站（位于广东深圳大亚湾）、田湾核电站（位于江苏省连云港市）、岭澳核电站（位于广东大亚湾西海岸）、福建宁德核电站（位于福建省宁德市辖福鼎市秦屿镇的备湾村，濒临东海）。

2. 工业应用

多年来，核和辐射技术的多种应用，一直在为提高工业效率、节能和保护环境做出贡献。

辐射加工

利用γ射线和加速器产生的电子束辐照被加工物体，使其品质或性能

★ 建设中的岭澳核电站

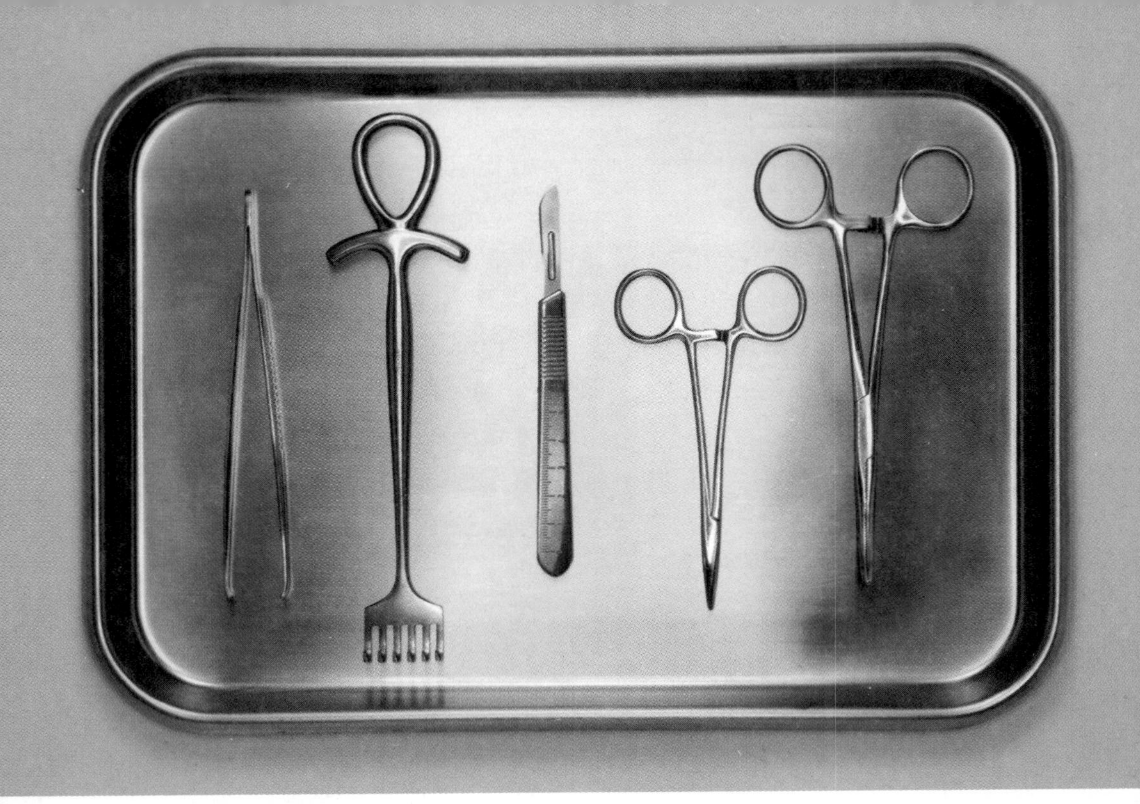

★ 辐射可用于医疗器械的消毒

得以改善的过程。辐射加工可以获得优质的化工材料，储存和保鲜食品，消毒医疗器材，处理环境污染物等，是20世纪70年代的一门新技术，也称辐射工艺。目前在高分子材料辐射改性、食品辐照保藏、卫生医疗用品的辐射消毒等方面，已有一些国家实现了工业化和商业化。

20世纪50年代初发现，聚乙烯辐射交联后耐热性能和机械性能等都有提高，使高分子材料的辐射改性研究开始受到重视；20世纪50年代末第一个进入市场的辐射化学产品就是辐射交联的聚乙烯产品——电线和电缆。

辐射加工技术具有下列特点：

（1）辐照过程不受温度影响，可以在低温下或室温下进行，因此辐照对象可以是气态、液态或固态；

（2）γ射线或能量高的电子束穿透力强，可均匀深入到物体内部，因此可以在已包装或封装的情况下进行加工处理；

（3）容易控制，适于连续操作；

（4）不必加其他化学试剂和催化剂，保证产品纯度；

（5）反应速率快，能形成高效生产线。

由于辐射加工的独特优点，辐射化学工业产品的品种和数量不断增加，在高分子辐射交联、辐射裂解、辐射接枝、辐射聚合以及有机物的辐射合成等方面已有几十种产品。特别是高分子辐射改性方面，产品最多。其中聚乙烯绝缘层的辐射交联，已应用于电线、电缆的制造工艺中。这种辐射交联电线耐热、耐腐蚀性能好，可提高设备的可靠性，并使之小型化；已广泛用于航天、通信、汽车、家用电器等工业中的配线材料。辐射交联聚乙烯热收缩薄膜、薄板和管道，已用于包装材料、电缆接头等。用电子束辐照装置对木材、金属、纸张等表面涂层的固化有很多优点，如节能、无公害、占地面积小、生产速度快、涂层性能好等。

用辐照处理食品以防止虫蛀、霉烂和发芽等，从而达到延长食品寿命和减少贮存中损失的目的，这是辐射加工的重要方面。

辐射固化

辐射固化是一种借助于能量照射实现化学配方（涂料、油墨和胶粘剂）由液态转化为固态的加工过程。

辐射固化技术的实用化可以追溯到20世纪60年代，当时德国推出了第一代UV涂料，在木器涂装工业上得到初步应用。以后辐射固化技术逐步由木材单一的基材扩展至纸张、各种塑料、金属、石材，甚至水泥制品、织物、皮革等基材的涂装应用。

辐射固化涂料是利用中、短波（300–400纳米）UV光的辐射能量引发含活性官能团的高分子材料（树脂）聚合成不溶不熔的固体涂膜的涂

★ 辐射加工应用广泛，其中聚乙烯绝缘层的辐射交联，已应用于电线、电缆的制造工艺中

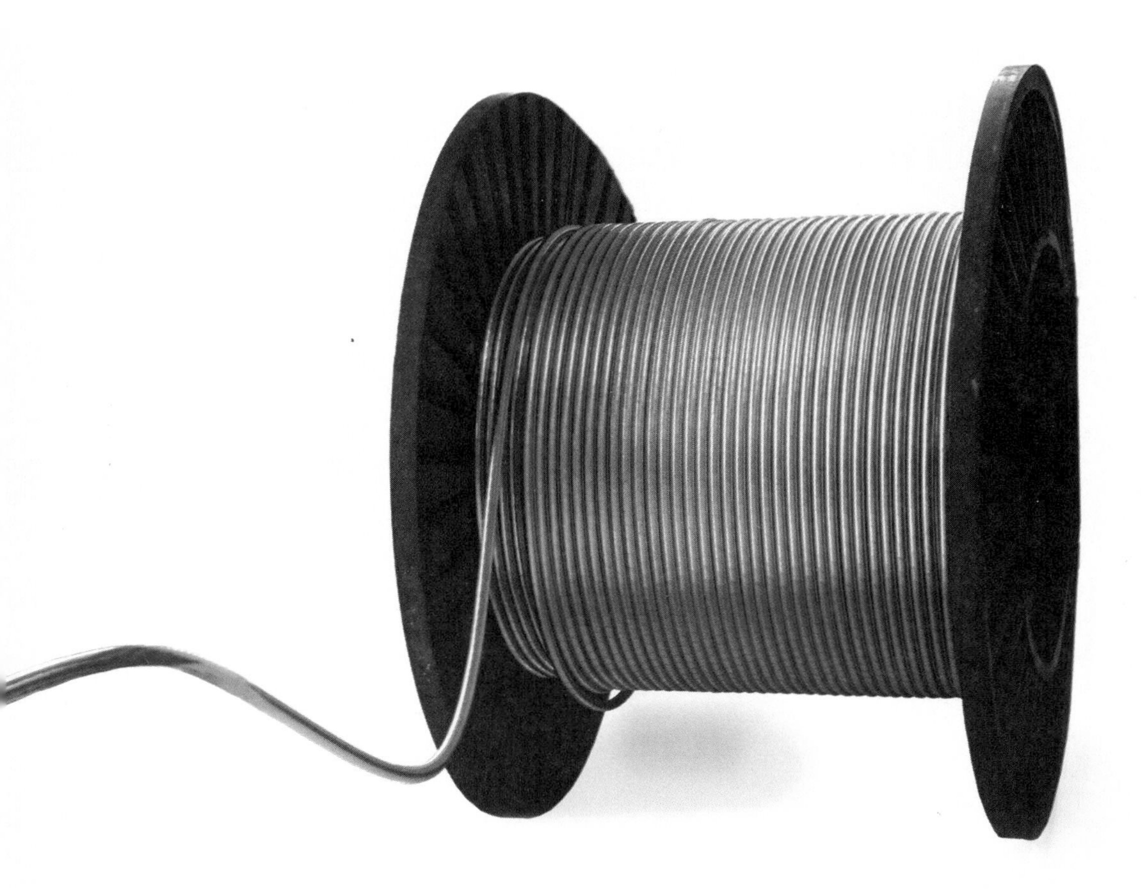

★ 辐射固化已经广泛应用在数码相机、光盘、移动电话、液晶显示器等制造业中

料品种。

目前辐射固化几乎涵盖了所有的印刷工艺，包括干式胶印、湿式平印、丝网印刷、柔版印刷、凸版印刷与凹版印刷等。承印物除纸张外尚有塑料、金属和漆膜等。

事实上，辐射固化在印制电路板、大规模集成电路、数码相机、光盘（CD—ROM，DVD）、移动电话、液晶显示器与等离子显示器等制造业中的应用，已是一种不可取代的技术，它可完成产品制作工艺中的各种涂装、印刷、涂饰和胶粘等任务。可以毫不夸张地说，辐射固化目前已进入千家万户和普通百姓的日常生活之中。

3. 电子领域的应用

电子束焊接

电子束科技，应用于焊接，称为电子束焊接。这种焊接技术能够将高达107W/cm^{2}能量密度的热能，聚焦于直径为0.3－1.3mm的微小区域。使用这技术，技工可以焊接更深厚的物件，将大部分热能固定于狭窄的区域，而不会改变附近物质的材质。为了避免物质被氧化的可能性，电子束焊接必须在真空内进行。在核子工程和航天工程里，有些高价值焊接工件不能忍受任何缺陷。这时候，工程师通常会选择使用电子束焊接来完成任务。

成像

低能电子衍射技术（LEED）照射准直电子束于晶体物质，然后根据观测到的衍射图案，来推断物质结构。这技术所使用的电子能量通常在20－200eV（电子伏特）之间。反射高能电子衍射（RHEED）技术以低角度照射准直电子束于晶体物质，然后搜集反射图案，从而推断晶体表面的

资料。这技术所使用的电子的能量在8-20keV（千电子伏特）之间。

电子显微镜将聚焦的电子束入射于样本。由于电子束与样本的相互作用，电子的性质会有所改变，像移动方向、相对相位和能量。细心地分析这些数据，即可得到分辨率为原子尺寸的样本影像。使用蓝色光，普通的光学显微镜的分辨率，因受到衍射限制，大约为200nm；相比较，电子显微镜的分辨率，则是受到电子的德布罗意波长限制，分辨率较高，像穿透式电子显微镜，能够将分辨率降到低于0.05nm，足够清楚地观测个别原子。这能力使得电子显微镜成为在实验室里高分辨率成像不可缺少的仪器。

4. 医学上的应用

医学也越来越受益于核技术，许多病症需要用放射性物质来治疗和预防。如：核放射和核药物对确诊和治疗癌症就有很大的功效。科学家们制造了各种核放射仪器，这些机器为医生对症下药提供了很大的帮助。此外，核放射物还能确诊甲状腺、传染病、关节炎、贫血等病症，我们还可以用核能发明的“CT”和“核磁共振”来确诊每个人身体不适的地方。

放射性核素诊断

利用放射性核素可帮助诊断疾病。

X光透视

伦琴发现X射线后仅仅几个月时间内，它就被应用于医学影像。1896年2月，苏格兰医生约翰·麦金泰在格拉斯哥皇家医院设立了世界上第一个放射科。随着科学的不断进步，X射线的医学用途越来越广。

X射线应用于医学诊断，主要依据X射线的穿透作用、差别吸收、感光作用和荧光作用。由于X射线穿过人体时，受到不同程度的吸收，如骨骼吸收的X射线量比肌肉吸收的量要多，那么通过人体后的X射线量就不一样，这样便携带了人体各部密度分布的信息，在荧光屏上或摄影胶片上引起的荧光作用或感光作用的强弱就有较大

★ 核放射仪器已经广泛地应用于医学中。图为医生在为病人进行核磁共振扫描

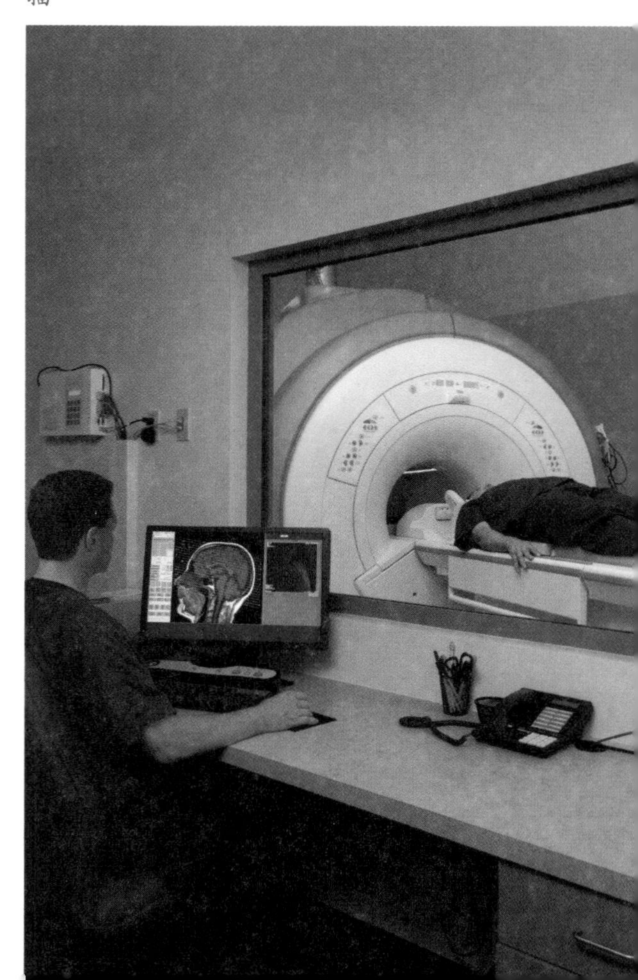

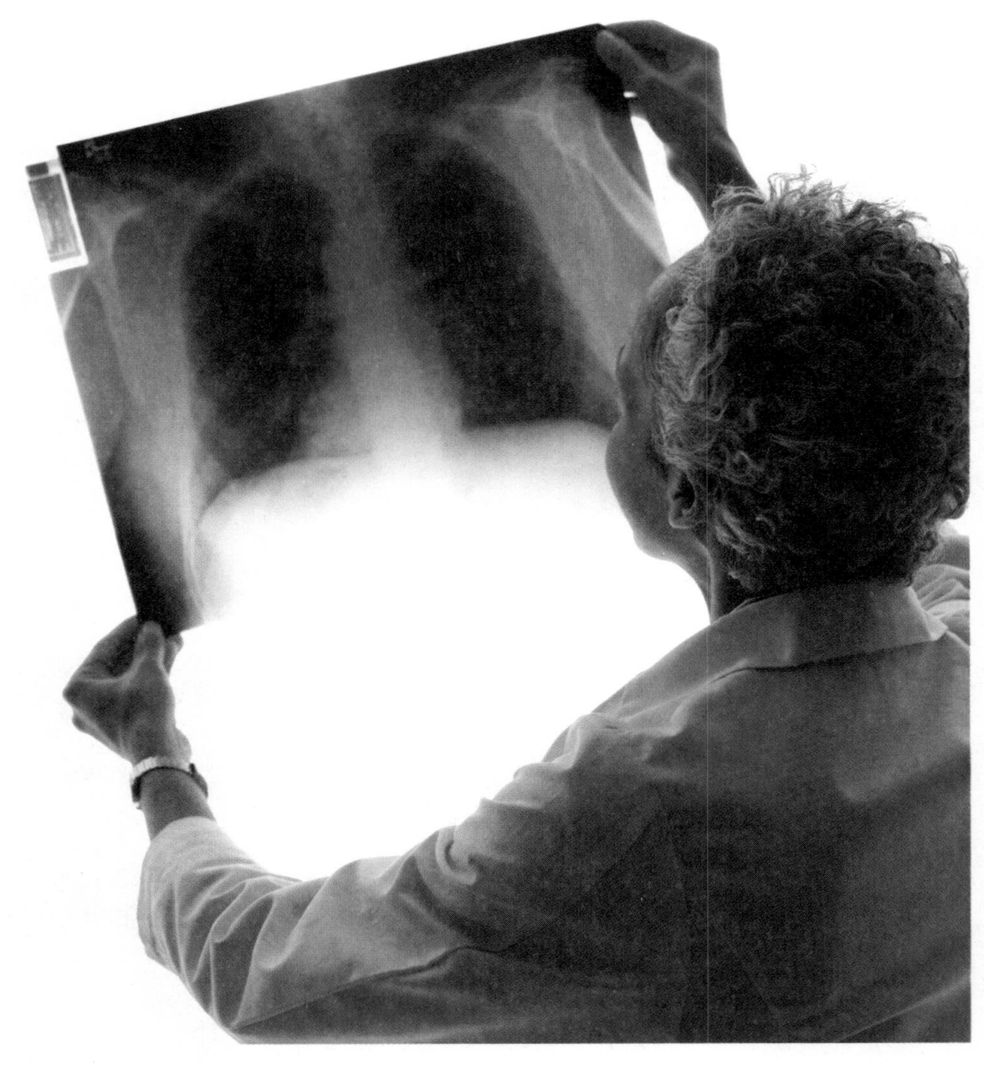

★ 医生可根据病人的X光图片来诊断病情

差别，因而在荧光屏上或摄影胶片上（经过显影、定影）将显示出不同密度的阴影。根据阴影浓淡的对比，结合临床表现、化验结果和病理诊断，即可判断人体某一部分是否正常。于是，X射线诊断技术便成了世界上最早应用的非创伤性的内脏检查技术。

在应用X射线时，会对人体造成一定的伤害，需要加强防护。

内服放射性药物的显像诊断

将放射性药物引入体内后，以脏器内、外或正常组织与病变之间对放射性药物摄取的差别为基础，利用显像仪器获得脏器或病变的影像。常用的显像仪器为γ照相机和发射型计算机断层照相机（ECT）。按显像的方式分为静态和动态显像两种。由于病

变部位摄取放射性药物的量和速度与它们的血流量、功能状态、代谢率或受体密度等密切相关，因此所得影像不仅可以显示它们的位置和形态，更重要的是可以反映它们的功能状况，故实为一种功能性显像。众所周知，绝大多数疾病的早期，在形态结构发生变化之前，上述功能状态已有改变，因此放射性核素显像常常能比以显示形态结构为主的超声检查等较早地发现和诊断很多疾病。像心血管系统疾病（主要有心肌显像和心功能测定）、神经系统疾病、肿瘤显像、消化系统疾病（如肝血管瘤显像、异位胃粘膜显像）、泌尿系统疾病等。

放射治疗

肿瘤放射治疗是利用放射线如放射性同位素产生的α、β、γ射线和各类x射线治疗机或加速器产生的x射线、电子线、质子束及其他粒子束等治疗恶性肿瘤的一种方法。

肿瘤放射治疗（简称放疗）就是用放射线治疗癌症。放射治疗已经历了一个多世纪的发展历史，到目前放射治疗仍是恶性肿瘤重要的局部治疗方法。放射治疗主要依据其生物效应，应用不同能量的射线、电子线或其他粒子束对人体病灶部分的细胞组织进行照射，以使被照射的细胞组织受到破坏或抑制，从而达到对肿瘤的治疗目的，如电子束照射治疗。作为放射线疗法的一种，直线型加速器制备的电子束，被用来照射浅表性肿瘤。由于在被吸收之前，电子束只会穿透有限的深度（能量为5～20MeV的电子束通常可以穿透5cm的生物体），电子束疗法可以用来医疗像基底细胞癌一类的皮肤病。电子束疗法也可以辅助治疗已被X射线照射过的区域。

现今放射治疗在肿瘤治疗中的作用和地位日益突出。放射治疗已成为治疗恶性肿瘤的主要手段之一。中国约有70%以上的癌症需用放射治疗，美国统计也有50%以上的癌症需用放射治疗。放射治疗几乎可用于所有的癌症治疗，对许多癌症病人而言，放

★ 放射治疗目前仍是恶性肿瘤重要的局部治疗方法。图为医生正在给病人进行放射治疗

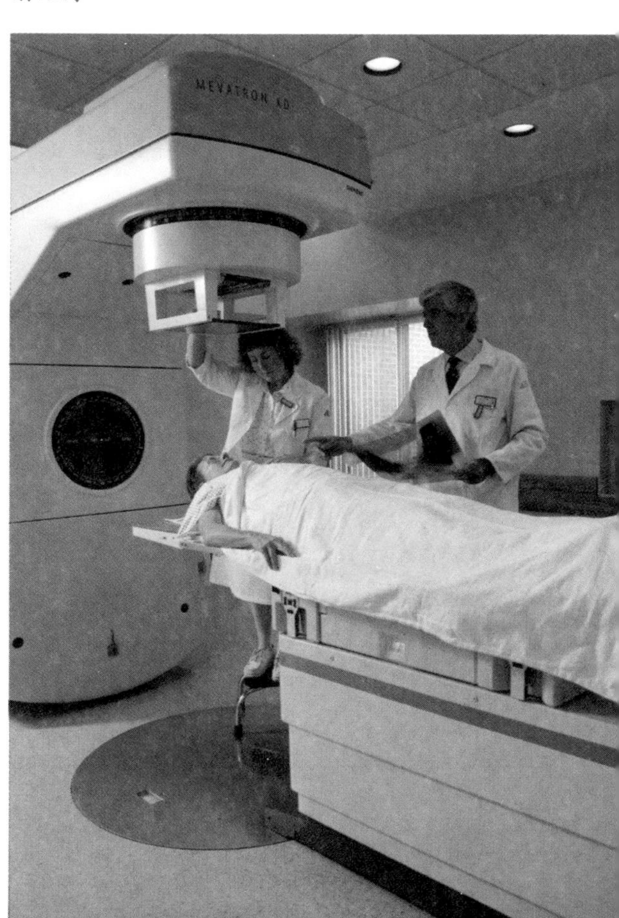

射治疗是唯一必须用的治疗方法。

另外，医生在病人手术前，可以用放射治疗来皱缩肿瘤，使之易于切除。放射治疗目前已成为癌症治疗中的最重要手段之一。

辐射消毒

辐射消毒是利用电离辐射杀灭致病微生物的能力对一次性医疗用品进行消毒处理，它优于加热法和环氧乙烷化学消毒法，发展很快，是辐射加工中非常成功的一例，外用消毒用品的材料包括金属（针头、刀片等）、塑料（针筒、导管等）、橡胶（手套等）、棉纤维（纱布、绷带等）以及玻璃制品（试剂瓶等）。

辐射消毒的奥秘，在于放射性同位素钴-60，因为它会放射出一种伽马射线，这种射线有穿透墙壁的本领，一般的包装容器，都阻挡不了它。而γ射线辐射源工业装置大部分用于医疗用品的辐射消毒。

此外，电子直线加速器的高能电子束，也都有杀死微生物的效应，也应用于医疗用品的辐射消毒中。

5. 农业中的应用

辐射育种

辐射育种即利用γ、X、β射线或中子流等高能量的电离辐射处理植物的器官，使细胞内产生不同类型的电离作用，进而诱发产生可遗传的突变，从中选择和培育符合生产需要的新品种。

辐射育种的主要特点有：

(1)变异率高。一般可达1/30，比自然突变高100倍以上，甚至可达1000倍。

(2)变异范围广。诱变产生的变异类型常超出一般，甚至会产生自然界中未曾出现的或罕见的新类型。其中有的具有利用价值，已为作物提早成熟、植株矮化、增强抗病性等创造了丰富的育种原始材料和基因资源。

(3)变异稳定、快速。由辐射处理产生的变异，一般经3代即可基本稳定。

辐射处理的方法分外照射和内照射两种。外照射是指被照射的种子或植株所受的辐射来自外部某一辐射源，方法简便、安全，可以大量处理。内照射是将辐射源引入被照射种子或植物某器官内部，常见的有放射性同位素浸种、放射性同位素注射（在茎、枝条、芽或子房部位施用放射性同位素肥料供植物吸收）。辐射处理的材料包括种子、花粉、子房、营养器官和整体植株。

辐射不育治虫

辐射不育治虫原理是通过对防治对象（雄虫）某个虫态的辐照处理，使其生殖细胞的染色体发生断裂、易位，造成不对称组合，导致显性致死；而受照射的体细胞基本上不受损伤。辐照后的昆虫仍能保持正常的生命活动和寻找配偶，将经过辐照处理的不育昆虫在虫害地区连续大量释放，就可使其同正常昆虫进行交配而不产生后代。经过几代之后，自然种群因不育而数量减少，以致有可能完

★ 辐射育种可以培育出符合生产需要的新品种

全消灭这一地区的虫种。此法对人、畜和天敌无害，防效持久，专一性强，对消灭螟虫、棉铃虫等钻进植物体内隐蔽、药剂和天敌很难触及的害虫有很好的效果。

6. 军事上的应用

核能的军事应用主要是指研制核武器。其特征是利用能量的瞬间释放形成爆炸，并产生大规模杀伤破坏效应。原子弹、氢弹、中子弹是核武器家族中的3个重要成员。

原子弹

原子弹是一种利用核原理制成的核武器。由美国最先研制成功，具有非常强的破坏力与杀伤力，在爆炸的同时会放出强烈的核辐射，危害生物组织。

原子弹是利用铀和钚等较容易裂变的重原子核在核裂变瞬间可以发出巨大能量的原理而发生爆炸的。

铀-235和钚-239此类重原子核在中子的轰击后，通常会分裂变成两个中等质量的核，同时再放出2到3个中子和200兆电子伏的能量。在裂变中放出的中子，一些在裂变系统中损耗了，而一些则继续进行重核裂变（继续轰击重原子核）反应。只要在每一次的核裂变中所裂变出的中子数平均多余一个（即中子的增值系数大于1），那么核裂变即可以继续进行，一次一次的反应后，裂变出的中子总数以指数形式增长，而产生的能量也随之剧增。如果不加控制，最终，这个裂变系统会变为一个剧烈的链式裂变反应。

这样的重核裂变反应可在极短的时间内释放出大量的能量。当“下一

★ 原子弹、氢弹等核武器属于大规模杀伤性武器，它们破坏力巨大。图为第二次世界大战中广岛被原子弹轰炸后破损的建筑，现在它已经成为日本纪念原子弹爆炸而修建的和平公园内的一部分

代”中子数定位两个时，在不到一微秒的时间内，一千克的铀或钚中会有2.5×10^{24}个原子核发生裂变反应，而就在这不到一微秒的时间内，此反应所产生出能量相当于2万吨TNT当量（指核爆炸时所释放的能量相当于多少吨TNT炸药爆炸所释放的能量）。这也是原子弹那极具破坏性威力的来源。

氢弹

氢弹是利用原子弹爆炸的能量点燃氢的同位素氘等轻原子核的聚变反应瞬时释放出巨大能量的核武器，又称聚变弹、热核弹、热核武器。氢弹的杀伤破坏因素与原子弹相同，但威力比原子弹大得多。原子弹的威力通常为几百至几万吨级TNT当量，氢弹的威力则可大至几千万吨级TNT当

量。还可通过设计增强或减弱其某些杀伤破坏因素，其战术技术性能比原子弹更好，用途也更广泛。

1942年，美国科学家在研制原子弹的过程中，推断原子弹爆炸提供的能量有可能点燃氢核，引起聚变反应，并想以此来制造一种威力比原子弹更大的超级弹。1952年11月1日，美国进行了世界上首次氢弹原理试验。1953年8月，苏联宣布氢弹试验成功，这枚氢弹的爆炸相当于5700万TNT当量，是当时世界上最大的氢弹。“大伊万”（沙皇）爆炸产生的蘑菇云至少有几千米高，是当时引爆成功的杀伤力最大的一颗氢弹。

氢弹的运载工具一般是导弹或飞机。为使武器系统具有良好的作战性能，要求氢弹自身的体积小、重量轻、威力大。因此，比威力的大小是氢弹技术水平高低的重要标志。当基本结构相同时，氢弹的威力随其重量的增加而增加。

氢弹相对原子弹有以下优点：

（1）单位杀伤面积的成本低；

（2）自然界中氢和锂的储藏量比铀和钚的储藏量大得多；

（3）所需的核原料实际上没有上限值，这就能制造TNT当量相当大的氢弹。

中子弹

中子不带电，从原子核分裂出来的中子很容易进入原子核，人们利用中子的这个特性，用它轰击原子核来引出核子反应，这就是中子弹。中子弹在爆炸中释放大量的高能中子，是以高能中子辐射为主要杀伤的小型氢弹。

中子弹的结构与氢弹相似，但它不是一种大规模的毁灭性武器。一般氢弹由于加一层铀-238外壳，氢核聚变时产生的中子被这层外壳大量吸收，产生了许多放射性沾染物。而中子弹去掉了外壳，核聚变产生的大量中子就可能毫无阻碍地大量辐射出去，同时，却减少了光辐射、冲击波和放射性污染等因素。中子弹是作为战术核武器设计的，虽然它对建筑物和军事设施的破坏很有限，但能够对人造成致命的伤害。尽管中子弹未曾在实战中被使用过，但军事家仍将之称为战场上的“战神”——一种具有核武器威力而又可用的战术武器。

与原子弹和氢弹等核武器相比，中子弹具有三个显著的特点：

（1）早期核辐射效应强。爆炸时早期核辐射的能量高达40%，这样，同样当量的原子弹与中子弹相比，中子弹对人员的杀伤半径要比原子弹大得多。

（2）爆炸释放的能量低。

（3）放射性污染轻，持续时间短。

核能除了在以上领域的应用，还可以用于其他重要事务，如在核技术的帮助下，可以勘探地下水源，并且在核技术的帮助下发现水坝受损或水坝渗水。此外，核技术还能淡化水、能扫雷，还可用于鉴定古物所属的年代和刑事侦查等。

魔鬼面：核能的危害

引言：

从核能被发现到现在，它的使用给人类带来了福祉，同时也造成了巨大的灾难。从第二次世界大战美国人给日本投下的第一枚原子弹到现在，核辐射不知道已经夺去了多少人的生命，造成了多少人残疾，给多少个家庭带去了悲哀……

核能的破坏性

核能量巨大，但是它的破坏性也同样巨大。

核辐射的危害

宇宙、自然界能产生放射性的物质不少，但危害都不太大，只有核爆炸或核电站事故泄漏的放射性物质才能大范围地造成人员伤亡。

放射性物质可通过呼吸吸入，皮肤伤口及消化道吸收进入体内，引起内辐射，γ辐射可穿透一定距离被机体吸收，使人员受到外照射伤害。放射性物质的衰变中产生电离辐射。它能破坏人体组织里分子和原子之间的化学键，会对人体重要的生化结构与功能产生严重影响。生物体会尝试修复这些损伤，但是有时损伤过于严重或涉及太多组织与脏器，以至于不可能修复。而且，身体在自然修复过程中，也很可能产生错误，从而导致一系列疾病的发生。

内外照射形成放射病的症状有：疲劳、头昏、失眠、皮肤发红、溃疡、

乏燃料的后处理

经过辐照的燃料元件，从堆内卸出时总是含有一定量未分裂和新生的裂变燃料，这些燃料就是乏燃料。乏燃料并不能直接废弃，需要等待进一步处理，乏燃料后处理是核燃料循环后段中最关键的一个环节，是对目前对核反应堆中卸出的乏燃料的最广泛的一种处理方式。

乏燃料的后处理的目的就是回收这些裂变燃料如铀-235、铀-233和钚，利用它们再制造新的燃料元件或用作核武器装料。

后处理工艺一般分为四个步骤：冷却与首端处理、化学分离、通过化学转化还原出铀和钚、通过净化分别制成金属铀（或二氧化铀）及钚（或二氧化钚）。

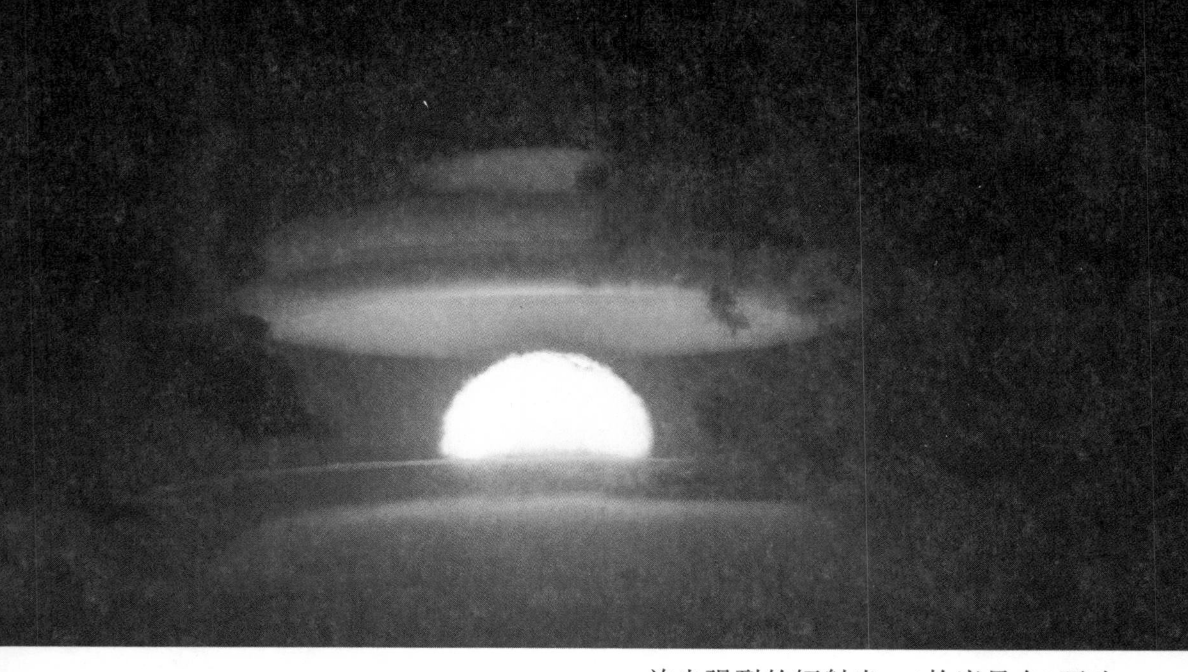

★ 光辐射也是原子弹巨大破坏力的一部分

出血、脱发、白血病、呕吐、腹泻等。有时还会增加癌症、畸变、遗传性病变发生率，影响几代人的健康。

一般讲，身体接受的辐射能量越多，其放射病症状越严重，致癌、致畸风险越大。如在400rad（rad，拉德，辐射吸收剂量单位）的照射下，受照射的人有5%死亡；若照射650rad，则人100%死亡。在150rad以下，虽然死亡率为零，但对人体的损害很大，能损伤人体的遗传物质，主要是引起基因突变和染色体畸变。

核武器的破坏效应

原子弹的破坏力和杀伤破坏方式主要有光辐射、冲击波、早期核辐射、电磁脉冲及放射性沾染等。

光辐射

在原子弹引爆后，核爆过程会释放出强烈的辐射光。1枚当量在2万吨左右的原子弹在当空爆炸后，距离爆炸核心7000米的地方人会受到比阳光强13倍的光辐射的照射。而在2800米范围内，光辐射会使人迅速致盲，且皮肤会因为光辐射照射而大面积灼伤溃烂，一些物体也会燃烧。

冲击波

核爆炸时，爆炸中心压力急剧升高，使周围空气猛烈震荡而形成波动，这就是冲击波。冲击波以超音速的速度从爆炸中心向周围冲击，具有很大的破坏力，是核爆炸重要的杀伤破坏因素之一。

一枚3万吨当量的原子弹爆炸后，在离爆炸核心800米处，冲击波会以200米每秒的速度席卷一切。

核辐射

在原子弹最初起爆的几十秒钟内，核爆会释放出中子流和γ射线。

一枚2万吨当量的原子弹爆炸时，离它1100米以内的人员单位会受到射线和中子流的极度杀伤。

电磁脉冲

核爆炸产生的电磁脉冲称为核电磁脉冲，任何在地面以上爆炸的核武器都会产生电磁脉冲，能量大约占核爆炸总能量的百万分之一。核电磁脉冲频率宽，几乎包括所有长短波，危害范围广，其电场强度可达1万至10万伏，完全可以摧毁起爆点周围的一切电子设备。

放射性落下灰

在原子弹爆炸后，随着蘑菇云的飘散会有大量的放射性粉尘飘落到地面，会对人体造成照射或皮肤灼伤，严重者最终导致死亡。

与原子弹相比，氢弹的破坏性也主要集中在光辐射、电磁脉冲和冲击波上，每一种核武器都具有核辐射、冲击波、光辐射等杀伤力。与原子弹和氢弹相比，中子弹的主要杀伤力则集中在中子辐射的杀伤作用上。如果有一个100吨TNT当量的中子弹，在距离爆炸中心800米的核辐射剂量，是同等当量的裂变核武器的几十倍，但是它爆炸时产生的冲击波对建筑物的破坏半径只有300米～400米。如果有一枚千吨级当量的中子弹在战场上爆炸，那么800米范围内的人员会被杀伤，被杀伤的人员并不是马上死去，而是慢慢地非常痛苦地死去，受伤者最长可以拖过7天的时间。在中子弹爆炸的300米范围之外的建筑和设施，可以毫发不损，可是建筑物中的人员却不能幸免于难。正是由于中子弹的这种特性，人们才将它作为战术核武器使用。

在核能被发现和应用之后，人类因为各种原因遭受了来自核能的巨大危害。核能的巨大威力，让人们在利用它的时候也对它心存敬畏。

广岛上空的惊雷

1945年8月6日8时15分，美军一架B－29轰炸机飞临日本广岛市区上空，投下一颗代号为“小男孩”的原子弹。这是人类历史上首次将核武器用于实战，广岛成为第一座遭受原子弹轰炸的城市。

在1943年后，美军在太平洋战场上损失惨重，硫磺岛战役和冲绳岛战役使得美军伤亡巨大，经过这几场战

★ 原子弹可通过轰炸机等投放，可在距离地面几百米的上空爆炸

争的伤亡比率推算，美军需要牺牲掉100万陆战队员的生命才能夺下日本本土，所以在得知原子弹成功爆炸后，军方极力要求对日本人使用这种新式武器。

但是此时许多科学家却开始反对美国使用原子弹，奥本海默认为日本的失败已是必然，没有必要使用原子弹。一些物理学家也联名致信要求美国不要使用原子弹。但美国仍然坚持使用，除了希望能够尽快解决太平洋战争之外，也希望削弱苏军对日作战的意义。

1945年7月30日，美英苏三国在波茨坦向日本发出最后通牒，威胁说日本如果不立即投降，“日本即将迅速完全毁灭”。日本当天表示拒绝接受波茨坦公告。波茨坦公告后，杜鲁门在回国途中向军方下达了投掷原子弹的命令。

于是在8月6日早上8点15分，第一颗原子弹在距地面580米的空中爆炸，在闪光、声波和蘑菇状烟云之后，火海和浓烟笼罩了全城。广岛人口为34万多人，靠近爆炸中心的人大部分死亡，当日死者计8.8万余人，负伤和失踪的为5.1万余人；全市7.6万幢建筑物全被毁坏的有4.8万幢，严重毁坏的有2.2万幢。广岛瞬间就变成了一片废墟。

在广岛原子弹爆炸后，有一位记者曾亲身在广岛进行采访报道，他在一篇报道中写道：“从三菱军工厂那被炸成骨架的钢铁残骸中，你可以看到原子弹能对钢铁和石头所产生的威力，但这种万物皆毁的原子弹究竟对人类和长崎镇两家医院隐藏的尸骨能做什么？看一下离爆炸中心3英里的美国领事馆的正前方和另一个方向一英里的天主教教堂正面，它们就像是姜饼一样坍塌下来，你分明可能意识到——这枚被解放了的原子弹无坚不摧！”原子弹对人类的危害更甚。广岛的医院向人类展示了原子弹的可怕，儿童的皮肤上长出了红色的斑点，病人的头发脱落了、舌头变黑了，牙关紧锁。他们的皮肤在出血，嘴唇疼痛、腹泻，喉咙肿胀。他们的

★ 在广岛、长崎投放的原子弹在很大程度上加速了日本的投降，但是人们也从此认识到了原子弹的巨大威力，一些有良知的科学家都反对将核武器用于战争

红细胞数开始下降，几乎缺少白细胞。男人、女人和儿童没有外表的受伤痕迹，但每天在医院里都有死亡发生，一些人自以为逃脱了死神，可走动了三四个星期后还是逃脱不了死亡。广岛成了人间地狱。

切尔诺贝利核事故

切尔诺贝利核电站是苏联时期在乌克兰境内修建的第一座核电站。曾被认为是世界上最安全、最可靠的核电站。但1986年4月26日，核电站的第4号核反应堆在进行半烘烤实验中突然失火，引起爆炸，造成大量放射性物质泄漏，成为核电时代以来最大的事故。

1986年4月26日凌晨的1点24分，第4号核反应堆发生了爆炸。爆炸发生

后，有31人当场死亡，其中28人死于过量的辐射。之后由于放射性物质远期影响而致命或重病的人不计其数，至今仍有被放射线影响而导致畸形胎儿的出生。事故发生后，离核电站30公里以内的地区被辟为隔离区，很多人称这一区域为“死亡区”（直到20年后，这里仍被严格限制进入），附近的居民被疏散，庄稼被全部掩埋，周围7000米内的树木都逐渐死亡。在日后长达半个世纪的时间里，10公里范围以内将不能耕作、放牧；10年内100公里范围内被禁止生产牛奶。

爆炸后外泄的辐射尘随着大气飘散到前苏联的西部地区、东欧地区、北欧的斯堪的纳维亚半岛，使得核污染范围扩大。乌克兰、白俄罗斯、俄罗斯受污染最为严重，由于风向的关系，据估计约有60%的放射性物质落在白俄罗斯的土地。

在事故20周年时，四号反应堆的石棺外表面的照射度仍有750毫伦琴，远高于20毫伦琴的安全值，加固石棺的焊接工人工作两个小时就要轮换。隔离区内的平均照射度仍大于100毫伦琴。据专家估计，完全消除这场浩劫对自然环境的影响至少需要800年，而持续的核辐射危险将持续10万年。

这起震惊世界的事故被定性为七级核污染，堪称“史无前例”，其污染程度是当年日本广岛核弹爆炸污染程度的400倍。直到2006年，还有150多万俄罗斯人住在受切尔诺贝利核电

★ 核污染不仅会对人类的健康造成威胁，还会危及土地、河流，造成生态环境的破坏。核能既可造福人类，也可危害人类

站事故污染的土地上，其中有人还在吃受放射性污染的食物。参加救援工作的83.4万人中，已有5.5万人丧生，7万人成为残疾人，30多万人受放射伤害死去。乌克兰共有250万人因切尔诺贝利核事故而身患各种疾病，其中包括47.3万儿童。在乌克兰的核受害者中最常见的是甲状腺疾病、造血系统障碍疾病、神经系统疾病以及恶性肿瘤等。今日在切尔诺贝利的河里仍有鱼儿漫游，但它们体内积满铯、钚等核物质。松树则长出褐色的怪枝，显示树木生态因核辐射而出现巨变。

真正的问题是铯、锶、钚等放射物元素对环境造成的污染，它们的半衰期分别为3万年、2.9万年和2.4万年。这意味着在长达几万年里，它们会对土地造成长期的污染。不仅当地暴露于慢性辐射中的人的患病几率高，更为严重的是他们的下一代也可能成为受害者。

福岛核事故

福岛核电站是目前世界上最大的核电站，由福岛一站、福岛二站组成，共10台机组（一站6台，二站4台），均为沸水堆。

2011年3月11日下午，日本发生了9级大地震，福岛第一核电站在地震中虽然自动停止了运转，但却因为地震的影响受到了严重的损毁。

2011年3月12日15:36，福岛第一核电站1号机组发生爆炸。政府宣布方圆20公里之内的人需要全部疏散。

3月14日上午11:01分，第一核电站3号机组发生爆炸。

3月15日早晨，福岛第一核电站2号机组发生爆炸，压力控制池受损。上午11:01，福岛核电站3号机组再次发生爆炸。

一连串的爆炸、火灾导致了核泄漏不断恶化。爆炸发生后辐射性物质进入风中，通过风传播到中国大陆、台湾、俄罗斯等一些地区和国家。虽

然3月12日，原子能安全保安院将福岛第一核电站核泄漏事故等级定为4级，但随着核泄漏影响范围的不断扩大和核电站的情况的持续恶化，2011年4月12日，日本原子能安全保安院根据国际核事件分级表最终将福岛核事故定为最高级7级。这使日本核泄漏事故等级与苏联切尔诺贝利核电站核泄漏事故等级相同。

福岛核事故对当地人们的生活造成了一定的影响，并引起了世界人民的普遍关注。

在日本地震对该国核电站造成严重破坏近两个星期之后，日本当局在国内发现了更多被核污染的蔬菜和水源。福岛辖区收割的蔬菜人们都躲之不及。除了蔬菜，东京地区的一个自来水净化厂的水被发现放射性碘的含量超过了可饮用限制值的两倍以上。该自来水净化厂的放射性碘经检测覆盖了东京23个区和5个城市。

随风飘散的辐射性物质引起了可能受污染地区群众的恐慌。一些“雨天务必打伞”的短信在加拿大手机用户之间疯狂传达。而美国、芬兰以及

★ 福岛核电站建在海边，发生爆炸后，一些辐射性尘埃等物质可随风飘散到其他国家和地区，这次事故再次引起人类对核能发展利用的讨论

中国的居民则跑到药店去囤积碘片。美国一家碘片首要供给商担任人说，他们公司在很短的时间内就卖光了一万多盒14片装的碘化钾。而且公司那时简直每分钟就要收到三份碘化钾的订单，这在正常状况下每周才会有三份。

人类因为利用核能获得了巨大的能源，便利了生活，却也因为利用核能遭受了重大的灾难，对其充满敬畏。

国际核事故分级标准

国际核事故分级标准制定于1990年。这个标准是由国际原子能机构起草并颁布，旨在设定通用标准以及方便国际核事故交流通信。

核事故分为7级，灾难影响最低的级别位于最下方，影响最大的级别位于最上方。最低级别为1级核事故，最高级别为7级核事故。所有的7个核事故等级又被划分为2个不同的阶段。最低影响的3个等级被称为核事件，最高的4个等级被称为核事故。

第7级核事故标准：

大量核污染泄露到工厂以外，造成巨大健康和环境影响。这一级别历史上仅有两例，为1986年切尔诺贝利核事故和2011年日本福岛第一核电站核泄漏事故。

第6级核事故标准：

一部分核污染泄漏到工厂外，需要立即采取措施来挽救各种损失。

第5级核事故标准：

有限的核污染泄漏到工厂外，需要采取一定措施来挽救损失。

第4级核事故标准：

非常有限但明显高于正常标准的核物质被散发到工厂外，或者反应堆严重受损或者工厂内部人员遭受严重辐射。

第3级核事件标准：

很小的内部事件，外部放射剂量在允许的范围之内，或者严重的内部核污染影响至少1个工作人员。

第2级核事件标准：

这一级别对外部没有影响，但是内部可能有核物质污染扩散，或者直接过量辐射了员工，或者操作严重违反安全规则。世界上大部分内部轻微核泄漏事件都被归入这一级。

第1级别核事件标准：

这一级别对外部没有任何影响，仅为内部操作违反安全准则，或出现可能涉及安全运行的微小问题。

核电站的关键设备就是核反应堆，核燃料在核反应堆中发生特殊形式的"燃烧"产生热量，使核能转变成热能来加热水产生蒸汽，以推动汽轮发电机发电，核反应堆就是核电站的热量来源。核电站因为反应堆的不同而被分成不同的类型。

目前在工业上成熟的发电堆主要有轻水堆（轻水堆又分为压水堆和沸水堆）、重水堆和石墨冷气堆，它们相应地被用到三种不同的核电站中，形成了现代核发电的主体。

压水堆核电站

以压水堆为热源的核电站。它主要由核岛和常规岛组成。压水堆核电站核岛中的四大部件是蒸汽发生器、稳压器、主泵和堆芯。在核岛中的系统设备主要有压水堆本体，一回路系统，以及为支持一回路系统正常运行和保证反应堆安全而设置的辅助系统。常规岛主要包括汽轮机组及二回等系统，其形式与常规火电厂类似。

沸水堆核电站

以沸水堆为热源的核电站。沸水堆是以沸腾轻水为慢化剂和冷却剂并在反应堆压力容器内直接产生饱和蒸汽的动力堆。沸水堆与压水堆同属轻水堆，都具有结构紧凑、安全可靠、建造费用低和负荷跟随能力强等优点。它们都需使用低富集铀作燃料。沸水堆核电站系统有：主系统（包括反应堆）、蒸汽-给水系统、反应堆辅助系统等。但发电厂房要做防核处理。

重水堆核电站

以重水堆为热源的核电站。重水堆是以重水作慢化剂的反应堆，可以直接利用天然铀作为核燃料。重水堆可用轻水或重水作冷却剂，重水堆分压力容器式和压力管式两类。重水堆核电站是发展较早的核电站，有各种类别，但已实现工业规模推广的只有加拿大发展起来的坎杜型压力管式重水堆核电站。

石墨气冷堆核电站

石墨气冷堆就是以气体（二氧化碳或氦气）作为冷却剂的反应堆。这种堆经历了三个发展阶段，产生了三种堆型：天然铀石墨气冷堆、改进型气冷堆和高温气冷堆。

高温气冷堆被称为第三代气冷堆，它是石墨作为慢化剂，氦气作为冷却剂的堆。

高温气冷堆有特殊的优点：由于氦气是惰性气体，因而它不能被活化，在高温下也不腐蚀设备和管道；由于石墨的热容量大，所以发生事故时不会引起温度的迅速增加；由于用混凝土做成压力壳，这样，反应堆没有突然破裂的危险，大大增加了安全性；由于热效率达到40%以上，这样高的热效率减少了热污染。

★ 利用核能发电是目前人类对核能利用的主要形式

第五章

核能新动向

为了更好地开发利用核能，让核能为人类造福的同时，将其能量最大限度地开发并增强其安全性就成为核能发展的关键所在。

第四代先进核能系统

第四代核能系统是一种具有更好的安全性、经济竞争力，核废物量少，可有效防止核扩散的先进核能系统，代表了先进核能系统的发展趋势和技术前沿。

1999年6月，美国能源部核能科学与技术办公室首次提出了第四代核电站的倡议。至2002年，美国又联合多国在第四代核电站堆型的技术方向达成共识，即在2030年以前开发六种第四代核电站的新堆型。

1. 气冷快堆系统

气冷快堆系统是快中子谱氦冷反应堆，采用闭式燃料循环，燃料可选择复合陶瓷燃料。产生的放射性废物少和有效地利用核资源是气冷快堆的两大特点。

气冷快堆采用直接循环氦气轮机发电，或采用其工艺热进行氢的热化学生产。通过综合利用快中子谱与锕系元素的完全再循环，气冷快堆能将长寿命放射性废物的产生量降到最低。此外，其快中子谱还能利用现有的裂变材料和可转换材料（包括贫铀）。参考反应堆是288兆瓦的氦冷系统，出口温度为850℃。

2. 铅合金液态金属冷却快堆系统

铅合金液态金属冷却快堆系统是快中子谱铅（铅/铋共晶）液态金属冷却堆，与气冷快堆相同，它也是采用闭式燃料循环，以实现可转换铀的有效转化，并控制锕系元素。燃料是含有可转换铀和超铀元素的金属或氮化物。

铅合金液态金属冷却快堆系统的特点是可在一系列电厂额定功率中进行选择，例如铅合金液态金属冷却快堆系统可以是一个1200兆瓦的大型整体电厂，也可以选择额定功率在300～400兆瓦的模块系统与一个换料间隔很长（15～20年）的50～100兆瓦的电池组的组合。运用铅合金液态金属冷却快堆系统，可满足市场上对小电网发电的需求。

3. 熔盐反应堆系统

熔盐反应堆系统是超热中子谱堆，燃料是钠、锆和氟化铀的循环液体混合物。熔盐燃料流过堆芯石墨通道，产生超热中子谱。熔盐反应堆系统的液体燃料不需要制造燃料元件，并允许添加钚这样的锕系元素。在液态冷却剂中锕系元素和大多数裂变产物会形成氟化物。熔融的氟盐具有很好的传热特性，可降低对压力容器和管道的压力。熔盐反应堆系统运行过程中还可以连续添加燃料，减少了停堆次数。燃料燃耗不受辐射损伤的限制。但这种堆的燃料回路放射性很强，结构材料腐蚀严重，燃料后处理技术复杂，此点是熔盐反应堆系统研究中的难点。

4. 液态钠冷却快堆系统

液态钠冷却快堆系统是快中子谱钠冷堆，它采用可有效控制锕系元素及可转换铀的转化的闭式燃料循环。该系统的安全性能好，具有热响应时间长、冷却剂沸腾的裕度大、一回路系统在接近大气压下运行，并且该回路的放射性钠与电厂的水和蒸汽之间有中间钠系统等特点。

液态钠冷却快堆系统主要用于管理高放射性废弃物，尤其在管理钚和其他锕系元素方面。该系统有两个主要方案：中等规模核电站，即功率为150～500兆瓦，燃料用铀-钚-次锕系元素-锆合金；中到大规模核电站，即功率为500～1500兆瓦，使用铀-钚氧化物燃料。

5. 超高温气冷堆系统

超高温气冷堆系统是一次通过式铀燃料循环的石墨慢化氦冷堆，是第四代先进核能系统的候选堆型之一，

★ 反应堆水池

被认为是最有可能在不远的将来实施的先进堆。

超高温气冷堆系统提供热量，堆芯出口温度为1000℃，可为石油化工或其他行业生产氢或供应热。该系统中也可加入发电设备，以满足热电联供的需要。此外，该系统在采用铀/钚燃料循环，使废物量最小化方面具有灵活性。

6. 超临界水冷堆系统

超临界水冷堆系统是高温高压水冷堆，在水的热力学临界点（374℃，22.1兆帕）以上运行。此系统的特点是，冷却剂在反应堆中不改变状态，直接与能量转换设备相连接，因此可大大简化电厂配套设备。燃料为铀氧化物。由于该系统的热效率比较高（大约为45%，比目前的轻水堆33%的效率要高得多），并且可以使电厂显著地简化，所以，超临界水冷堆系统被认为是一种比较有前途的先进核能系统。

综合以上几种系统的特点，第四代核电站的开发目标可分为四个方面：

（1）核能的可持续发展；

（2）提高安全性、可靠性；

（3）提高经济性；

（4）防止核扩散。利用反应堆系统本身的特性，在商用核燃料循环中通过处理的材料，对于核扩散具有更高的防止性，保证难以用于核武器或被盗窃。

★ 核电站反应堆大厅内景

受控热核聚变能

引言：

核聚变蕴藏着巨大的能量，根据目前世界能源消费的水平来计算，地球上能够用于核聚变的氘和氚的数量，可供人类使用上千亿年。有关的能源专家认为，如果解决了核聚变技术，那么人类将能从根本上解决能源问题。但目前人类只是实现了不受控制的核聚变，如氢弹的爆炸，因此研究发展可受控制的核聚变能是科学家们正在努力的方向。

核聚变研究存在的难题

核聚变需要的条件非常苛刻，发生核聚变需要在1亿度的高温下才能进行，因此又叫热核反应。可以想象，没有什么材料能经受得起1亿度的高温。此外还有许多难以想象的困难需要去克服。

尽管存在着许多困难，人们经过不断研究已取得了可喜的进展。科学家们设计了许多巧妙的方法，如用强大的磁场来约束反应，用强大的激光来加热原子等。

核聚变研究新进展

近年来，一种称为激光受控核聚变的新方法引起了人们的极大关注。这一方法采用时间极短（约10纳秒）

★ 核聚变所需的燃料可从海水中提取，倘若能够实现受控的核聚变，那将能从根本上解决人类的能源问题

和极高能量（约105焦）的激光脉冲对一颗小小的燃料丸（由冻结的氘和氚组成）压缩104倍。过程中燃料丸中心温度可达108K数值范围，因而引发核聚变。反应又进一步加热了燃料丸，这样就使之在约10～11秒的时间释放出107焦的核聚变能。

另外人们还设想在月球建立核聚变发电站。根据“阿波罗”飞行和月球探测器的结果计算分析，月壤中氦-3资源总量可达100万～500万吨。建设一个500兆瓦的氦-3核聚变发电站，每年消耗的氦-3仅需50千克。如果美国全部采用氦-3核聚变发电，年发电总量仅需消耗25吨的氦-3，而中国仅需要8吨。全世界的年总发电量约需100吨氦-3。换句话说，月壤中的氦-3可供应地球能源需求上千年。

将来如果在月球上建立核聚变发电站，将发出的电能传输到静止轨道上的中继卫星，再传送到位于地球上的接收站，然后再分配到各个地区，即可供用户使用。另外，也可以将月球表面的尘埃收集起来，从中分离出氦-3，然后将其变成液态带回地球。科学家计算，每年只需发射2～3艘载重50吨的货运飞船到月球上去，从月球上运回100至150吨的氦-3，即可供全人类作为替代能源使用一年，而它的运输费用只相当于目前核能发电的几十分之一。

如果能实现受控核聚变，那将会“一劳永逸”地解决人类的能源需要。科学家们的不懈努力，使人们在这方面充满了无限希望。

★ 由于月球土壤中含有丰富的氦-3资源，有人设想可以在月球建立核聚变发电站，然后将发出的电能通过中继卫星传送到地球上的接收站

小核电的发展

引言：

目前，人类对核能的应用主要体现在发电，主流为60万～120万千瓦的大容量核电机组。但是许多发展中国家、地域面积有限的中小国家、海洋岛国以及发达或发展中国家的边远地区，由于其电网容量较小，电力市场消纳能力有限，大容量核电机组较难有可利用的空间。因此，小型堆应运而生，成为满足上述领域核能应用的另一条路线。

小核电简介

在2004年6月份的一次学术会议上，国际原子能机构宣布将重新启动中、小型反应堆的开发计划，并于7月1日批准了国际协作研究项目。值得注意的是，在第4代国际论坛上提出的第4代核能系统概念中，至少有一半属于中、小型反应堆。由此可以看出小型堆设计与研发工作对引导未来核电领域起着举足轻重的作用。

国际原子能机构对小型堆的界定是电功率在30万千瓦以下的反应堆。美国能源部在小型堆概念的基础上加入了模块式概念，称为small modular reactor（简称为SMR，即小型模块化反应堆），已作为小型堆的重要特征得到行业内认可。

小型堆主要优点在于：运行灵

核电站的分代标志

第一代核电站是早期的原型堆电站，即1950年至1960年前期开发的轻水堆核电站，如美国的希平港压水堆、德累斯顿沸水堆等。

第二代核电站是1960年后期到1990年前期在第一代核电站基础上开发建设的大型商用核电站。目前世界上的大多数核电站都属于第二代核电站。

第三代是指先进的轻水堆核电站，即1990年后期到2010年开始运行的核电站。第三代核电站采用标准化、最佳化设计和安全性更高的非能动安全系统。

第四代是待开发的核电站，其目标是到2030年达到实用化的程度，主要特征是经济性高（与天然气火力发电站相当）、安全性好、废物产生量小，并能防止核扩散。

活，安全性能高，可建于大城市等人口密集地区周边，厂址条件要求简化，建造周期短。另外，小型堆除可用于为中小电网、岛屿及偏远地区供电，还可用于城市区域供热、工业供气、核能海水淡化等领域。

小型轻水堆研究概况

目前国际上开展研究的小型堆类型主要有：轻水堆、高温气冷堆、液态金属反应堆和熔盐堆等。因为数十年安全运行轻水堆的经验，使得这种反应堆在安全性能方面更具保障性。在经济性方面，轻水堆也以较低的初始投入与较少的投资总额受到发展中国家，尤其是不发达国家的青睐。这里我们只简单介绍一下小型堆中的轻水堆核电站的发展情况。

由阿根廷国家原子能委员会开发的CAREM（Central Argentina de Elementos Modulares）是采用一体化蒸汽发生器的模块式压水堆，它可被用于作为研究堆或海水淡化。CAREM的整个一回路冷却剂系统均在其反应堆压力容器内，燃料采用的是带有可燃毒物的铀浓缩度为3.4%的燃料，每年换料一次。

而俄罗斯正在研发更小型压水堆——ABV，具有45兆瓦的热功率，10～12兆瓦电功率。这种堆型是一种

★ 小型堆运动灵活、安全性能高，可用于为中小电网、岛屿及偏远地区的供电

很紧凑、具有一体化蒸汽发生器和更高安全性的反应堆，换料周期约为8年，服役寿期约为50年。

日本原子能研究所正在开发的一体化船用堆，即MRX，是一种小型的一体化压水堆，用于海上推进动力或地区电力供应。其换料周期为3.5年，并拥有一个充水的安全壳以提高安全性。

在我国，全球在建核电机组规模最大的核电企业——中广核集团，在2011年4月成立了中核新能源有限公司，该公司主要负责小型核电站的推广和建设。

中核集团研发的小型核电站技术被命名为ACP100，一种建设在地下的10万千瓦的核电机组。中核集团称，该技术借鉴了三代核电技术的设计理念，具有热电联产、气电联产和海水淡化等功能。

世界各国都在积极开展小型反应堆的研发工作，美国、俄罗斯、韩国、日本、法国和阿根廷等国在小堆研究开发方面展开了激烈的竞争，相继提出了技术方案和研发计划。这些设计大约可以2020年前后交付使用。

国际原子能机构

国际原子能机构是国际原子能领域的政府间科学技术合作组织，同时兼管地区原子安全及测量检查，并由世界各国政府在原子能领域进行科学技术合作的机构。

1954年12月，第九届联合国大会通过决议，要求成立一个专门致力于和平利用原子能的国际机构。经过两年筹备，有82个国家参加的规约会议于1956年10月26日通过了国际原子能机构（以下简称“机构”）的《规约》。1957年7月29日，《规约》正式生效。同年10月，国际原子能机构召开首次全体会议，宣布机构正式成立。

任何国家，不论是否为联合国的会员国或联合国专门机构的成员国，经机构理事会推荐并由大会批准入会后，交存对机构《规约》的接受书，即可成为该机构的成员国。截至2012年2月，机构共有153个成员国。

核废物是指含有α、β和γ辐射的不稳定元素并伴随有热产生的无用材料。

核废物进入环境后会造成水、大气、土壤的污染，并通过各种途径进入人体，当放射性辐射超过一定水平，就能杀死生物体的细胞，妨碍正常细胞分裂和再生，引起细胞内遗传信息的突变。

研究表明，母亲在怀孕初期腹部受过X光照射，她们生下的孩子与母亲不受X光照射的孩子相比，死于白血病的概率要大50%。受放射性污染的人在数年或数十年后，可能出现癌症、白内障、失明、生长迟缓等远期效应，还可能出现胎儿畸形、流产、死产等遗传效应。

但是利弊往往共存，核电站在发电服务人类的同时，却也产生了一定数量的核废物。如一台1000兆瓦核电站的年核废物中含有10公斤的镎-237和20公斤的锝-99，如以非专业人员允许的年接受辐射剂量率为标准，那么上述核废物即使贮存100万年，仍高出允许剂量的3000万倍！核废物与其他废物以及其他有毒、有害物质不同之处主要有两个方面：

（1）核废物中放射性的危害作用不能通过化学、物理或生物的方法来消除，而只能通过其自身固有的衰变规律降低其放射性水平，最后达到无害化；

（2）核废物中的放射性核素不断地发出射线，可用各种灵敏的仪器进行探测，容易发现它的存在和容易判断其危害程度。

在环保和生态问题日益引起重视的今天，有关核废料的处置也已经成为成为人们关注的重大课题之一。

核废物的处置

处置是核废物处理中的最后一个环节。放射性核素除已经衰变掉和极少部分分散到环境中去外，大部分要转入处置库，与人类及生物圈隔离开来，直到它衰减到无害水平。

（1）高放射性废物的处置

高放射性废物含有大量的裂片元

素，具有极高的比活度和释活率，给处置操作带来很大麻烦。而且高放射性废物还含有很多长寿命超铀元素，在几万年之后它们的危害仍不能忽视，因此高放射性废物的隔离要维持几万年甚至更长。这就需要把核废物放在一定深度的稳定地质介质中，利用深厚底层使废物与生物圈隔离。目前常见的是矿山式处置库，它位于地表以下300～1500米深处。若深部钻孔，如在花岗岩石中凿一个地下处置库，则要建在几千米深处。

（2）低放射性废物的处置

低放射性废物是放射性废物中体积最大的一类，可占总体积的95%，其活度仅占总活度的0.05%。适用于低放射性废物的处置方式有：浅地层处置、岩洞处置、深地层处置等。浅地层通常指地表以下几十米处，我国规定为50米以内的低层。

目前中、低放射性废物的处理、处置技术已经趋于成熟，而高放射性废物的处理、处置是核燃料循环尚未安全解决的环节，是目前正在攻克的难关。

★ 核电站在发电服务人类的同时，也产生有一定数量的核废物。对于核废物的处理已经成为人们关注的重大课题之一

【科学探索丛书】

◎ 出版策划 膳書堂文化
◎ 组稿编辑 张 树
◎ 责任编辑 王 珺
◎ 助理编辑 朱 延
◎ 封面设计 膳书堂文化
◎ 图片提供 全景视觉
图为媒
上海微图